현직 체육교사가 알려준다

공부체력
리부트

김경도 지음

생각의집

차례

[5장] 알고 있는 것과 실천하는 것

서문

공부를 위한 최고의 선택, 운동

인간은 스트레스를 받으면 '코르티솔'이라는 호르몬이 분비됩니다. 우리 아이들이 수행평가 과제를 준비할 때, 시간에 쫓겨 학원에 갈 때, 시험 준비에 매달릴 때에도 코르티솔 수치는 치솟습니다. 스트레스의 연속이지만 이러한 상황을 피하기는 현실적으로 힘이 듭니다. 벗어날 수 없다면 그나마 건전한 방법으로 이겨내야만 합니다. 어떻게 하면 우리 아이들이 학창 시절 기나긴 스트레스의 터널을 안전하게 빠져나갈 수 있을까요? PC방이 그들을 구원해 줄까요? 달달한 과자와 치킨이 지친 심신을 달래줄 수 있나요?

순간적이고 즉흥적인 위로가 아닌 생산적이면서 건전한 방법이 있습니다. 단언컨대 그것은 바로 운동입니다. 운동은 코르티솔의 노예로 살아가고 있는 우리 아이들에게 스트레스 지수를 낮춰주는 기적의 도우미입니다. 여러 생리학 연구에 의하면 규칙적인 운동은 코르티솔 수치를 낮춰주어 스트레스에 대한 민감도를 둔하게 만들어 준다고 합니다. 운동만 한 취미가 또 있을까요?

그런데 운동이 스트레스 해소에만 도움을 주는 것은 아닙니다. 그것은 운동으로 얻을 수 있는 것 중 일부분에 지나지 않습니다. 최근 활발히 진행되고 있는 연구에 의하면 운동은 인지적 영역의 발달에도 큰 도움을 준다고 합니다. 다시 말해 운동은 공부를 잘할 수 있는 최적의 뇌 상태를 만들어 준다는 말입니다.

어느 날 뇌과학자들이 운동을 하면 BDNF라는 뇌유래신경영양인자가 뿜어져 나온다는 것을 발견했습니다. 이것은 운동으로 인해 뇌속에 새로운 신경세포들이 만들어지고 각 부위의 연결이 강화된다는 것을 의미합니다. 새로운 학습내용을 원활하게 받아들이고 기억을 오래도록 유지하는 데 도움이 된다는 이야기입니다. 게다가 운동은 집중력을 높여주며 창의력 증진에도 큰 효과를 발휘한다고 합니다.

운동이 공부의 능률을 올리는데 결정적 기여를 한다는 과학자들의 주장은 체육교사인 저에게 '유레카'였습니다. 저는 관련 논문과 연구들을 찾기 시작했고 이미 수년 전부터 명백한 결과들이 쏟아져 나오고 있다는 것을 알게 되었습니다. 관련 자료와 연구논문들을 찾아볼수록 저의 신념은 확고해졌습니다. 그 누구도 부정할 수 없는 연구결과가 증언해 주고 있더군요. 결론은 모두 같은 방향을 향하고 있었습니다. 꾸준한 운동은 신체적 건강과 매력적인 외모, 정서적 안정뿐만 아니라 성적 향상에도 기여합니다. 우리 아이들에게 운동을 시켜야 하는 이유는 명확해졌습니다. 이제 저는 활자와 지면의 힘을 빌려 공부하는 수험생과 그 부모님들께 운동의 필요성과 효과를 전하고자 합니다. 당신과 사랑하는 당신의 자녀를 위해 한 글자 한 글자 적어 내려갑니다. 이 책을 통해 여러분들이 운동의 가치와 그 즐거움을 알아 가시길 진심으로 바랍니다.

김경도

Elbow Plank

Basic Plank

Elevated Side Plank

Elbow Plank (Knee)

Plank Leg Raise

Ball Plank

Bent Knee Side Plank

Plank Arm Reach

Ball Plank Reverse

Side Plank

Side Plank
Knee Tuck (1)

Extended Plank

Side Plank Leg Lift

Side Plank
Knee Tuck (2)

Reverse Plank

뇌를 알아야
효율이 오른다

1

방탄소년단과
피, 땀, 눈물

．

．

．

　전 세계인의 사랑을 받고 있는 '방탄소년단'의 연습 영상을 본 적
이 있습니다. 그날의 모든 스케줄을 소화하고 새벽이 가까워오는 시
간, 그들은 숙소 대신 연습실로 향했습니다. 무대 중앙을 기준으로 멤
버들이 마치 한 몸이 된 듯한 안무를 연습하기 위해서였습니다. 춤을
잘 모르는 저는 '저만하면 멋지고 완벽한 것 같은데 왜 자꾸 연습을 할
까?'라는 생각이 들었습니다.

　그러나 그들은 한 치의 오차 없이 정확한 타이밍과 일정한 간격을
유지하기 위해 한 동작을 지겹도록 무한 반복하고 있었습니다. 그다
음 동작, 또 그다음 동작⋯⋯. 늦은 밤 피곤할 법도 한데 그들의 눈은
반짝반짝 빛이 났습니다. 심지어 7명의 멤버와 수십 명의 백댄서들은
지면으로부터 솟아오르는 점프 높이와 공중에 머무르는 체공 시간까
지 맞추고 있었습니다. 그들의 성공은 우연한 기회를 잡아 운 좋게 이

루어진 것도 아니었으며 대형 기획사의 숨은 뒷받침이 있었던 것도 아니었습니다. 열정을 바탕으로 한 무시무시한 연습량과 인내력이 오늘날 그들을 전 세계 아이돌 그룹의 '표상'으로 만들어 놓았습니다.

창의력에도 인내력이 필요합니다. 아이디어를 떠올리는 것도 중요하지만 그 아이디어를 발전시키기 위해서는 포기하지 않고 집요하게 파고드는 태도도 중요하다고 많은 이들이 증언하고 있습니다. 정설로 받아들여지던 천동설을 정면으로 반박하며 지동설을 끝까지 주장한 코페르니쿠스Nicolaus Copernicus의 용기와 인내력도 같은 맥락이라 할 수 있겠습니다. 그는 로마 가톨릭교회로부터 탄압받았으며 동료 과학자들로부터 따돌림받는 처지에 놓이게 됩니다. 그는 시대를 앞서 갔던 것입니다. 결국 시간이 흘러 그의 지동설은 중세의 낡은 우주관인 천동설에서 혁신적인 현대의 천문학과 물리학으로 '퀀텀 점프'를 이루는 토대를 마련해 주었습니다.

나중에 이탈리아 여행을 간다면 꼭 둘러보고 싶은 곳이 있습니다. 로마의 바티칸에 있는 시스티나 성당Sistine Chapel이 그곳인데요, 시스티나 성당 천장에는 실물 크기의 인물 100명 이상을 그린 천장 벽화가 있습니다. 하느님이 아담을 창조하는 장면이 특히나 유명한 '천지창조'입니다. 거장 미켈란젤로Michelangelo, 1475~1564의 4년에 걸친 헌신과 노력으로 탄생한 작품인데요, 그가 당시 화가가 아닌 조각가였음에도 불구하고 벽화의 수준이 상당히 높아서 사람들은 그의 업적에 감탄하며 '역시 천재야! 저런 재능은 타고나야 해'라고 칭송했다고 합니다.

그러나 미켈란젤로 본인은 그 벽화를 두고 '내가 이 작품을 완성하기 위해 얼마나 열심히 노력했는지 사람들이 안다면 이 그림이 전혀 놀랍지 않을 것이다'라고 말했다고 해요. 사람들은 그의 역량을 순전히 타고난 천재적 재능으로 여겼지만 그는 작품이 완성되기까지 인고의 시간을 견뎌가며 최선의 노력을 기울였던 것입니다. 시대를 초월하여 감동을 안겨주는 세기의 걸작이 탄생하는 데에 그의 인내와 끈기가 원동력이 되었던 것입니다.

　한 분야에서 탁월한 성취를 이룬 음악가나 운동선수 역시 일반인은 감히 상상조차 못 할 어마어마한 노력과 연습을 통해 그 자리에 오른 것을 알 수 있습니다. 혹자들은 그들의 노력과 열정보다 타고난 유전적 역량과 천부적 재능에 초점을 맞추지만 많은 연구들이 성공의 원천은 연습과 인내의 시간에 있다고 말해주고 있습니다. 〈1만 시간의 재발견〉의 저자 앤더스 에릭슨K. Anders Ericsson의 연구에 따르면 꾸준하고도 집중적인 연습이 그들을 최고의 자리에 올려놓았다고 분석하고 있습니다. 구체적인 목표를 설정하고 시간을 쏟아부어 훈련량을 확보한 후 지겨울 정도의 반복적인 연습을 통해 차곡차곡 자신만의 역량을 쌓아간 것입니다.

4차 산업혁명 시대를 열어갈
새로운 인재상

●

●

●

오늘날 학교의 인재육성 시스템은 1, 2차 산업혁명 시대에 머물러 있다고 해도 과언이 아닐 것입니다. 교사의 일방적인 설명이나 가르침을 수동적으로 받아들이는 형태로 배워왔고 그것이 유일한 학습의 형태라고 믿어왔습니다. 교사의 말에 경청하고 집중하여 빠뜨림 없이 머리에 집어넣는 것이 학생으로서 갖출 수 있는 최고의 미덕이라고 여겨왔던 거죠.

당시에는 기계의 부속품처럼 시킨 일을 실수와 오차 없이 성실하게 해낼 사람을 길러내는 것이 교육의 주목적이었습니다. 가장 중요한 능력이 바로 읽고, 쓰고, 계산하는 등의 능력이었으므로 여러 가지 과목 중 국·영·수가 인재를 길러내는 핵심 과목으로 주목받을 수 밖에 없었습니다. 그렇다면 이러한 교육 방법은 다가오는 4차 산업혁명 시대에도 유효할까요?

앞으로 미래의 우리 아이들은 인공지능 로봇과 함께 살아갈 것입니다. 사실 읽고, 분석하고, 계산하는 능력은 인공지능 로봇이 오차 없이 훨씬 빠른 시간에 해결해냅니다. 심지어 로봇은 요령을 피우거나 아프지도 않습니다. 휴가를 줄 필요도 없고 야간과 주말에도 불평 없이 성실히 일해냅니다. 인공지능 로봇은 과거 대량생산 시대의 인간이 갖춘 인재상을 대체하고 있습니다.

로봇이 대체 불가한 분야를 찾아라

그렇다면 우리 아이들은 다가오는 미래에는 어떤 형태의 경쟁력을 가져야 할까요? 인공지능 로봇은 해낼 수 없는 오직 인간만이 잘할 수 있는 분야에 집중해야 합니다. 또한 학교의 교육 시스템 역시 그러한 인재를 길러내는 방향으로 혁신해야 합니다. 기존의 교육시스템으로는 4차 산업혁명 시대를 대비할 수 없다고 대다수 전문가들은 입을 모읍니다.

4차 산업혁명 시대 새로운 인재상, 잭 안드라카Jack Andraka

2012년 당시 15세의 나이로 췌장암 진단키트를 개발하여 미국 청소년 과학 경진대회에서 최종 우승을 거머쥔 잭 안드라카를 아십니까?

췌장암 키트 개발의 시작은 13세 때 가족처럼 지내던 아저씨가 췌장암으로 세상을 떠나게 되면서부터입니다. 췌장암은 참으로 무서운 병이었습니다. 애플의 창업자 스티브 잡스도 췌장암에 스러져갔습니다. 환자의 85% 이상은 더 이상 손을 쓸 수 없는 말기에야 증상을 느끼게 되고, 치료를 받아도 생존확률은 2%에 그쳤습니다. 어느 암보다 재발도 잘 되고 치료가 어려워 생명을 건지는 가장 좋은 방법은 치료가 아닌 빠른 발견이었습니다. 그러나 췌장암 조기진단에 쓰이는 키트는 무려 60년 전에 개발된 구식이었고 성능 또한 좋지 않았습니다. 소년은 췌장암을 더 빨리 정확하고 저렴하게 진단할 수 있는 키트를 개발하기로 결심합니다.

췌장암이 무엇인지도 몰랐던 소년은 무모할 수도 있는 도전을 시작합니다. 인터넷을 활용하여 진단키트 개발을 시작한 겁니다. 소년은 꾸준히 질문을 던지며 인터넷과 수백 편의 논문을 통해 스스로 답을 구해 나갔습니다. 결국 수천 번의 실패에도 좌절하지 않았던 그는 겨우 15세의 나이에 혁신적인 췌장암 진단 키트를 개발하게 됩니다. 새로운 진단 키트는 혁신 그 자체였습니다. 그가 이룬 업적은 진단 비용은 80만 원에서 30원으로, 검사 시간은 14시간에서 단 5분으로, 성공확률을 30%에서 90%까지 끌어올린 것입니다.

소년의 집념과 호기심, 그리고 인류를 향한 사랑이 기적을 만들어 냈습니다. 호기심에 그치지 않고 스스로 목표를 설정하고, 디지털 환경을 이용해 정보를 탐색하고, 창의적인 아이디어를 통해 문제를 해결해내는 잭 안드라카의 성공사례는 미래에 필요한 새로운 인재상의 모습일 수 있습니다.

그렇다면 이런 새로운 인재상에게 필요한 역량은 무엇일까요?

STEAM을 들어보셨나요?

STEAM은 과학기술 중심 교육인 Science(과학), Technology(기술), Engineering(공학), Math(수학)에 Art(인문학, 예술)를 녹여낸 개념

입니다. STEM에 Art를 넣은 부분은 바로 인문과 예술적 감성이라 할 수 있는데요, STEM에 Art가 만나 창의성에 날개를 달아주는 시너지 효과를 낼 수 있습니다.

애플의 스티브 잡스, 페이스북의 저커버그, 알리바바의 마윈, 이들은 모두 세계적인 기업가인데요, 그들에게는 하나의 공통점이 있습니다. 그들이 일구어낸 기업의 분야와 그들의 대학 전공이 일치하지 않는다는 것입니다. 게다가 그들은 모두 인문학 전공자입니다. 스티브 잡스는 철학, 저커버그는 심리학, 마윈은 영문학을 전공했습니다. 이들은 모두 인문학을 전공한 것이 기업경영에 큰 도움이 되었다고 말하고 있습니다. 뇌과학자 정재승 교수 역시 연구를 하거나 논문을 쓰다 막힐 때면 과학 관련 서적을 보는 것이 아닌 일반 소설이나 인문학책을 꺼내 읽는다고 합니다. 관련 없는 주제의 책을 읽는 행위가 오히려 전공 서적과 씨름할 때보다 영감과 힌트를 얻는 경우가 많다고 합니다. 인문예술 역량은 사람을 이해하고, 공감하며, 새로운 아이디어를 생성해 내기 위해 꼭 필요한 역량이라 할 수 있습니다.

무지개가 빨주노초파남보?
몰개성의 교육

•
•
•

퀴즈를 하나 내 보겠습니다. 무지개는 어떤 색깔로 구성되어있나요? 다 같이 외쳐볼까요? '빨주노초파남보' 반사적으로 7개의 음절이 튀어나오죠? 그렇습니다. 우리는 무지개가 빨강, 주황, 노랑, 초록, 파랑, 남색, 보라, 이렇게 일곱 개의 색깔이라고 '당연히' 알고 있습니다. 왜냐하면 어릴 때부터 그렇게 배워왔으니까요. 일말의 의심도 없이 말이죠. 하지만 정답은 하나가 아닙니다. 왜냐하면 보는 사람마다 그리고 문화에 따라 다르게 색을 인식하기 때문입니다.

우리나라는 옛날에 '오색 무지개'라고 하여 흑, 백, 청, 홍, 황의 5가지 색을 무지개로 생각했습니다. 우리의 옛 문학 작품들을 보면 오색 무지개라는 말은 있어도 칠색 무지개라는 말은 어디에도 없답니다. 독일과 멕시코 원주민도 무지개를 5개의 색으로 인식했고, 미국에서는 무지개를 남색을 제외한 6가지의 색으로 생각한다고 합니다.

초창기 애플의 로고를 채색한 6가지의 색이 그것입니다.

이슬람 문화권에서는 4가지 색으로 인식한다고 하는데요, 심지어 3가지 색, 2가지 색으로 인식하는 사람들도 있다고 합니다. 같은 무지개를 보아도 색깔이 이렇게 차이가 있는 이유는 언어나 문화, 그리고 색깔을 구분하는 방법이 다양하기 때문입니다. 사실 무지개의 색깔은 디지털 프리즘을 사용하여 구분하자면 수천 가지 색으로 구분할 수 있다고 합니다. 여러분의 눈에는 몇 가지 색이 보이나요?

사람마다 배우는 방법이 다양하고 효율적인 학습법이 다릅니다. 집중이 잘되는 시간이 각기 다르며 공부를 하기 전에 일종의 루틴이 있는 학생도 있습니다. 그러나 우리나라 학생들은 대부분 정해진 시간과 정해진 장소에서 교사의 설명과 주어진 과제를 해내야 좋은 성적을 받을 확률이 높아집니다.

두 눈으로 칠판을 주시하고 두 귀는 교사의 설명과 가르침을 빠짐없이 받아들이는 것이 높은 성적을 얻을 수 있는 조건입니다. 교실에서 가장 많이 들리는 말이 '자 집중하세요. 여기 보세요. 잘 들어보세요'입니다. 우리나라 교실에서는 주목과 경청 잘하는 능력이 우등생이 갖추어야 할 첫 번째 덕목입니다.

오감교육으로 뇌를 자극하라

그러나 배움은 모든 감각기관을 통해 일어날 수 있고 그렇게 습득한 지식이 뇌를 자극하는 진정한 공부가 되어 '내 것'이 됩니다. 보고 듣는 것 뿐만 아니라 만지고, 냄새 맡고, 맛까지 보는 오감이 모두 동원되어야 합니다.

오늘날 학교나 학원에서 이루어지는 교육의 형태는 효율을 우선시하고 시간에 쫓겨 오감교육을 하기에는 한계가 있습니다. 기껏해야 눈으로 보고 귀로 듣는 것이 대부분이죠. 모든 감각을 동원하여 교육을 해야 뇌의 활동이 왕성하게 일어날 수 있습니다.

과학시간에 '제주도의 동굴'을 공부한다고 가정해 보겠습니다. 우선 선생님은 커다란 모니터에 제주도의 여러 용암동굴 사진이 들어간 자료화면을 띄워놓고 '지금 보는 동굴은 화산 폭발로 인해 용암이 흐르면서 만들어진……'으로 시작하여 과학적인 설명을 훌륭하게 해내실 겁니다. 그리고 설명이 끝나면 선생님은 아이들이 동굴에 대해 잘 이해했다고 믿으며, 시험에서 일정 비율(예를 들어 전체 학생의 70%의 정답률)을 보이면 성취기준에 도달했다고 말합니다.

그런데 학생들은 '진짜 동굴'을 제대로 배운걸까요? 이론적 학습은 되었지만 진짜 배움이 일어났다고 말할 수는 없습니다. 부모님과의 여행이나 학교의 체험활동을 통해 직접 찾아가 보는 것에서 진짜 배움은 시작됩니다. 매표소를 거쳐 동굴 입구에 다다르기까지 학교에서 글로 배웠던 내용이 단편적으로 몇 조각 떠오른다면 딱 준비가 된 것입니다. 동굴의 초입, 계단을 따라 내려가며 서늘한 기운과 습도의 변화를 느껴봅니다. 동굴 내부에 이르러 메아리치는 소리의 울림도 느껴보고 천장에서 떨어지는 물방울도 맞아보아야 제대로 된 배움이 일어난 것이 아닐까요? 거기에 더해 제주의 '큰넓궤'처럼 4.3 사건의 아픈 역사 이야기가 더해진다면 아이는 지식이 가지처럼 뻗어나가는 효과를 얻을 수 있을 것이며 역사교육과 감성교육까지 겸할 수 있는 것입니다.

큰넓궤, 제주도 서귀포시
안덕면 동광리 산 90번지 일대

큰넓궤는 제주 4·3 사건 당시 동광리 주민들이 2개월가량 집단으로 은신 생활을 했던 작은 동굴입니다. 1948년 11월 중순, 중산간 마을에 대한 초토화 작전이 시행되어 주민들이 이곳에 피신을 하게 된 것이죠. 그러나 굴속에서 은신 생활을 한 지 40여 일 만에 토벌대의 집요한 추적 끝에 발각되고 말았습니다. 토벌대가 굴속으로 들어오자 주민들은 꾀를 내어 이불솜과 옷가지에 불을 붙여 매운 연기를 피워내며 토벌대를 쫓아냈습니다.

토벌대가 물러난 어두운 밤을 틈타 주민들은 동굴을 버리고 한라산으로 도망치는 데 성공합니다. 그러나 결국 토벌대에게 붙잡혀 한라산 영실 인근 볼레 오름과 정방폭포 인근에서 학살당하게 됩니다. 큰넓궤 근처에는 4·3 사건 당시 학살된 후 시신을 찾지 못해 소지품과 옷가지만을 묻은 '헛묘'가 남아 있어 당시의 참혹했던 시절을 증언해 주고 있습니다.

너와 나는 다르다

•

•

•

사람마다 관심사, 성격, 재능, 취미 등이 모두 제각각입니다. 그로 인해 좋아하는 것이 겹치고 공통 관심사가 있으면 급속히 친해져 무리를 이루기도 하고 취향이 다르다는 이유로 '틀린' 대우를 하며 서로 반목하고 배척하기도 합니다.

우리는 아이가 가진 특성에 따라 어느 길이든 갈 수 있게 보장해주어야 합니다. 모두를 일직선상에 두고 같은 잣대로 평가하는 것은 잔인합니다. 축구 선수 메시를 교실로 데려와 수학을 못 푼다고 부진 반에 들여보내는 게 이치에 맞는 걸까요? 그는 녹색 그라운드 위에서 최고의 빛을 발하는 사람입니다.

우리의 교육현장에서 하고 있는 표준화된 교육과 정형화된 평가는 학생 개개인이 가진 형형색색의 다양한 색을 사회에서 정한 단 하나의 색으로 덮도록 강요하는 것과 같습니다. 학생들이 즐길 수 있고 최대의 효율을 낼 수 있는 것을 찾아 지원해주고 도와주어야 합니다.

아기들은 보통 첫돌 즈음 두 발로 서기 시작하고 빠른 아이들은 걸음마를 시작하기도 합니다. 성격이 급한 부모들은 각종 보행기를 들이밀며 되도록 빨리 걷도록 만들고 싶어 합니다. 그러나 첫돌을 기준으로 걸음마가 빠른 아이든 느린 아이든 결국 몇 년만 더 성장하면 걷는 것에는 아무 차이가 없습니다.

이렇듯 학습의 속도에도 차이가 있기 마련입니다. 속도가 느린 것이 잘못되었거나 틀린 것이 아닙니다. 더 정확히 배울 수 있고 배움이 일어나는 과정이 더 밀도 있게 진행될 수도 있습니다. 옆의 아이가 빠르게 달린다고 영문도 모른 채 그 속도에 맞춰 억지로 달리다 보면 고통만 생길 뿐입니다. 친구를 의식하고 경쟁하는 것도 적정선에서 이루어져야 합니다.

오차 없이 똑같은 유전자를 공유하는 일란성쌍둥이조차 상당한 취향 차이를 보인다고 하죠. 동일한 환경에서 늘 함께 붙어 지내는 저의 두 딸도 성격과 입맛까지 다릅니다. 하물며 각각의 가정에서 10년 넘게 자라 한 교실에 모인 30여 명의 아이들은 어떨까요? 다양성 그 자체입니다.

공부를 잘하거나, 못하는 두 부류의 아이만 존재하는 것이 아닙니다. 목소리가 크고 말이 빠른 아이, 있는 듯 없는 듯 조용하지만 꼼꼼한 아이, 수학은 못하지만 글쓰기는 잘하는 아이, 리코더 수행은 못해도 체육시간에는 아이들의 우상이 되는 아이 등 교실에는 저마다의 개성과 색깔을 가지고 있는 아이들로 가득합니다.

이처럼 강점과 약점이 제각각이며 무지개처럼 다양한 스펙트럼을 가진 아이들을 동일한 방식으로 교육하고 똑같은 기준으로 평가하는 것은 아이들의 개성을 묵살하는 잔인한 일이 아닐 수 없습니다. 국·영·수에서 최고의 성적을 받아내는 것이 궁극적인 교육의 목표는 아닙니다.

소위 '성공한 자'의 발자취를 한 줄로 서서 모두 따라간다는 것이 과연 의미 있는 일인가 생각해보게 됩니다. 하워드 가드너 H. Gardner 의 다중지능 이론multiple intelligence theory에 따르면 학교에서 공부 좀 한다는 아이들은 언어, 논리수학, 공간, 신체운동, 음악, 대인 관계, 자기 이해, 자연 탐구, 실존지능 등의 9가지 영역 중 겨우 언어와 논리수학 두 개 정도에 재능을 보이는 학생일 뿐입니다.

쓸수록 젊어지는 뇌

．

．

．

　피부에 생채기가 난 후 새살이 돋아나는 경험은 누구나 하게 됩니
다. 상처를 소독하고 반창고를 붙여두면 금세 연한 새살이 뽀얗게 차
올라 상처를 메워줍니다. 우리의 근육이 성장하는 '근비대'가 일어나
는 과정이 이와 유사합니다. 평소보다 운동을 과하게 하면 근육에 미
세한 상처가 생기면서 흔히 '알이 배었다'라고 표현하는 근육통을 경
험하게 됩니다. 이때 적절한 휴식(수면)과 식사(영양)가 보장된다면
미세한 상처는 호르몬의 영향으로 단백질로 메워질 테고 이러한 과정
을 거치면서 근육세포가 강화되고 커지는 것입니다.

　그런데 근비대가 일어나는 데에는 중요한 조건이 한 가지 더 있습
니다. '점진적 과부하의 원리'라는 것인데요, 평소보다 더 강하고 다
양한 자극이 주어져야 트레이닝 효과가 일어난다는 것입니다. 30kg
의 무게로 벤치프레스(역기 들어 올리기)를 하는 상황을 가정해보겠
습니다. 매일 동일한 무게로 운동을 한다면 근육이 금세 적응하여 몇

주가 지나면 더 이상 근육통이 일어나지 않습니다. 근성장을 위해서는 35kg, 40kg으로 점차 무게를 늘려나가며 새로운 자극, 더 큰 자극을 주어야 합니다. 이러한 원리는 신체뿐만 아니라 정신적 측면에도 비슷하게 적용됩니다.

뇌의 존재이유와 멍게의 뇌

멍게 좋아하세요? 저는 아내와 연애하던 시절 먹었던 멍게비빔밥의 맛을 잊을 수가 없는데요, 지갑 두고 다니기로 유명했던 아내가 그날은 어쩐 일로 본인이 결재했기에 더 기억에 남는 것 같습니다.

제가 갑자기 멍게 이야기를 하는 이유는 과학자들이 뇌의 존재 이유를 설명할 때 종종 멍게를 예로 들기 때문입니다. 이 멍게란 녀석의 뇌가 참 신기합니다. 우리 식탁에 오르는 멍게는 다 자란 성체인데요, 이들은 뇌가 없습니다! 그런데 뇌가 원래 없었던 것이 아니라 유충 상태일 때에는 존재했었다고 합니다. 어릴 때는 있다가 다 자라서는 뇌가 사라진다? 무슨 이유에서일까요?

멍게의 유충은 꼬리도 갖추고 있어 헤엄도 칠 수 있으며 생김새는 마치 올챙이를 닮았습니다. 멍게 유충은 꼬리를 이리저리 흔들면서 정착하기에 좋은 환경을 찾아 운동을 합니다. 이때 멍게의 뇌와 신경계의 연결은 강화되고 수십 개의 뇌세포가 증가하는 현상을 관찰할 수 있습니다. 그러다 생존 조건에 유리한 적당한 곳을 찾게 되면 그곳에 몸을 부착시키고 성체가 될 때까지 마치 식물처럼 정착생활을 시작하게 됩니다. 조류에 흔들리기는 하지만 절대 움직이거나 이동생활은 하지 않습니다. 그리고는 서서히 뇌가 사라져 버린다고 합니다.

더 이상 이동하거나 움직여야 할 이유가 없기 때문입니다.

'신체활동을 할 필요가 없으니 뇌가 사라진다'니 이러한 현상이 우리에게 시사하는 바는 무엇일까요? 멍게의 예를 인간에게 적용시키는 것이 다소 무리가 있을 수 있겠지만 신체를 움직인다는 것, 운동을 한다는 것은 뇌의 가장 큰 존재 이유 중 하나라는 것은 부정할 수 없는 과학적 사실입니다. 신체활동이 뇌 해마의 부피를 늘리고 정신을 맑게 하며 집중력과 창의성을 높인다는 연구결과가 이를 뒷받침합니다. 그러나 멍게의 예처럼 애초에 뇌는 공부하기 위해 만들어진 기관이 아닙니다. 운동이 뇌를 가장 효율적으로 만들어 주는 것이며 운동과 공부를 겸해야 공부의 효율도 높아지므로 몸을 움직여야만 합니다.

치매환자의 예를 보아도 그렇습니다. 경증 치매환자 중 골반 부상이나 여러 가지 이유로 가벼운 운동 조차 하지 못하는 경우 치매 증상이 급속히 악화되는 것을 쉽게 볼 수 있습니다. 그러나 운동요법을 병행하여 활동량을 늘렸을 경우 치매 치료에 훨씬 나은 예후를 보이게 되며 인지능력이 양호하게 유지됩니다. 동물(動物)이란 글자를 한자어로 풀어서 살펴보면 움직여야만 그 존재가치가 있다는 의미가 들어있습니다. 움직임, 즉 운동이 동물을 결정짓는 가장 큰 특징이기 때문입니다. 운동을 하지 않는다고 멍게처럼 뇌가 사라지는 일은 없습니다. 그러나 운동부족으로 활력이 떨어지고 뇌의 기능이 감퇴하는 일은 충분히 예상할 수 있습니다. 본능에 충실합시다. 움직여야 합니다.

휴대폰 게임이 창의력과 인지능력을 올려줄 것인가?

제가 근무하는 학교는 전교생이 1,000명이 넘는 제법 큰 규모라서 한 반에 학생이 30명도 넘습니다. 그런데 이런 교실에 들어서면 30여 명 중 예닐곱 명은 엎드려 있습니다.(사실 더 많이 엎드려있는 날도 있습니다.) 그중에는 잠시 눈을 붙이는 아이도 있고 깊은 잠에 빠져 옆에서 흔들어 깨워도 미동조차 하지 않는 아이도 있습니다. 몇몇 아이들은 아주 조심스럽게 깨워야 합니다. 수면이라는 것이 본능의 영역에 속한 강한 욕구 중 하나인지라 단잠을 깨우면 아주 난폭하게 변하는 학생이 종종 있습니다. 단잠을 깨웠다고 친구 코뼈를 부러트린 사건도 봤기 때문에 왠만 하면 '옆에 친구 좀 깨워라' 시키지 않습니다. 방어태세를 갖추고 제가 직접 깨우죠. 그런데 이런 친구들에게 늦게 잠든 이유를 물어보면 대부분 휴대폰 게임을 했다고 고백을 합니다. '잠 안 자고 게임을 하면 부모님이 뭐라 안 하셔?'라고 물으면 이불속에서 숨소리도 안 내고 몰래 한다고 합니다. 대단한 열정이죠? 이런 게임이 인지능력이나 창의력에 도움이 된다면 얼마나 좋을까요?

스탠퍼드 대학교와 막스 플랑크Max Planck 연구소는 컴퓨터 게임이 두뇌역량 개발에 미치는 영향에 대한 실험을 했습니다. 다수의 애플리케이션과 게임 등이 인지기능 향상에 도움을 준다는 게임 개발업자의 주장을 검증하기 위해서였죠.

결과는 어땠을까요? 안타깝게도 게임과 애플리케이션을 통한 인지훈련은 인간을 더 똑똑하게 만들어 주지 못했습니다. 집중력과 창의력, 기억력에 걸쳐 어느 것 하나도 향상시켜주지 못한 것입니다.

　다만 해당 게임만 능숙하게 잘하게 되었고 가로세로 단어 퀴즈나 스도쿠도 마찬가지였습니다. 게임을 열심히 하면 빈칸을 완성하는 시간은 분명히 단축되었고 정확도도 높아졌지만 단지 그것뿐이었습니다. 마치 해당 게임을 무한 반복하는 로봇처럼 말이죠.

끊임없이
변화 가능한 뇌

．
．
．

불과 몇 십년 전까지 사람의 뇌는 태어난 직후부터 변화의 과정을 겪다가 성인이 되면 성장을 멈춘다고 여겨졌습니다. 성인을 거쳐 중년과 노년이 되면 노화로 인해 뇌의 기능은 쇠퇴하기만 할 뿐 더 이상 새로운 세포를 만들어 내지 못한다는 것이 과학계의 정설이었던 것이죠.

그러나 최근 발표된 연구들에 의하면 우리의 뇌는 유연하여 노년이 되어서도 성장과 변화가 계속된다고 합니다. 마치 놀이용 점토가 주무르는 대로 모양이 변화하듯 우리의 뇌도 쓸수록 기능이 변화한다는 이야기입니다. 뇌 과학자들은 이러한 뇌의 특성을 일컬어 '뇌 가소성Brain Plasticity'이라고 명명하였습니다.

다시 말해 다양한 자극과 훈련등으로 뇌를 쓰면 쓸수록 뇌세포의 수가 증가하고 뇌세포 사이의 연결고리가 늘어나 뇌가 나이에 관계없이 계속 발달한다는 것입니다.

런던 택시기사의 뇌

뇌가소성을 이야기할 때 많이 언급되는 예가 있습니다. 바로 영국의 택시 기사들에 관한 이야기입니다. 내비게이션이 없던 시절 런던에서 택시기사를 하려면 반경 10km 내에 있는 6만여 개의 도로와 10만여 개에 달하는 주요 건물을 외워야만 했다고 합니다. 이미 중년에 접어들어 택시기사 일을 시작한 사람도 있었고 런던 지리에 익숙하지 않은 다른 지역 출신도 있었지만 누구든 일을 시작하고 대략 2년에서 4년의 경력이 쌓이면 어렵지 않게 런던 지리를 외웠다고 합니다.

이러한 능력에 흥미를 가진 뇌 과학자들이 이들의 뇌를 MRI로 관찰해보았더니 일반인보다 해마의 크기가 월등히 컸다는 겁니다. 게다가 운전경력이 높을수록 해마가 큰 편이었다고 합니다. 매일 반복되는 길 찾기가 꾸준히 뇌를 훈련시킨 것입니다. 어떠한 환경에 있느냐, 혹은 활발한 두뇌 활동을 지속적으로 해주느냐에 따라 중년이 되거나 더 나이가 들어 노년이 되더라도 뇌는 늙지 않고 성장한다는 이야기입니다. 자라나는 아이들과 우리 스스로를 위해 무엇을 해야 할까요?

우리 뇌의 일부인 해마는 바다생물인 해마$^{sea\ horse}$와 크기와 모양이 유사하여 붙여진 이름으로 학습과 기억에 관여한다고 알려져 있습니다. 또한 이러한 해마가 없다면 인간에게는 어떤 일이 일어날까요?

믿기 힘든 이야기인데요, 1930~40년대까지만 해도 간질(뇌전증)과 정신질환 치료를 위해 뇌의 일부를 잘라내는 뇌 절제술이 유행했다고 합니다. 그런데 말이 뇌 절제술이지, 실상은 뇌 파괴술에 가까 웠습니다. 송곳을 눈꺼풀 위로 밀어 넣은 뒤 휘저어서 뇌 조직을 물 리적으로 파괴하거나 에탄올과 같은 약물을 주입하여 괴사시키는 방 식이었습니다.

엽기적이고 무식해 보이는 이 수술이 효과는 매우 좋았다고 합 니다. 이 수술법을 처음 시행한 포르투갈의 안토니오 에가스 무니스 Antonio Egas Monix, 1874~1955 박사는 정신병 치료에 혁신적 수술법을 개발한 공로로 1949년 노벨 의학상까지 수상하게 됩니다. 정신병으로 극심 한 문제행동을 보이던 환자들이 거짓말처럼 온순해지고 간질로 고 통받던 환자들에게 더 이상 발작이 일어나지 않았습니다. 의학계는 이 수술법에 주목했고 미국과 영국, 유럽 등에서 광범위하게 유행하 게 됩니다.

그러나 수술 후 환자들은 마치 영혼을 잃어버린 것처럼 어떤 일 에도 흥미를 보이지 않고 무기력하게 하루하루를 보냈으며, 어떤 상 황에도 감정 변화가 없이 폐인처럼 살아갔다고 합니다. 어떤 환자는 기억에 관여하는 부위인 해마가 함께 제거되면서 더 이상 새로운 기 억을 저장할 수 없게 되어 수술 이후 겪게 된 일들을 기억할 수 없게 되었습니다. 뇌 절제술은 정신병과 뇌질환 증세는 완화시키지만 인 간의 감성과 지적능력을 앗아가 버리는 심각한 부작용이 있었던 것 입니다.

이번에는 동물실험을 소개해 드리겠습니다. 과학자들이 흔히 하 는 쥐 실험인데요, 새로운 환경을 제공해주었더니 뇌에 변화가 일어 났다는 내용입니다. 과학자들이 평범하고 자극 없는 우리에 살고 있던 실험용 쥐를 꺼내어 '자극이 풍부한 환경'으로 이사를 시켰습니다. 쳇바퀴를 설치하고 장난감과 친구 쥐도 넣어 주어 심심할 틈이 없게 만들어 준 뒤 그곳에서 한 달을 살게 하였습니다.

쥐에게는 어떤 변화가 일어났을까요? 검사 결과 해마의 부피가 늘어났고 뇌세포가 15% 증가하였습니다. 게다가 새로운 세포만 만들어 낸 것이 아니라 더 효율적으로 기능할 수 있도록 세포 간의 연결이 강화되었습니다. 쥐를 물에 빠뜨리고 발밑에 숨겨진 발판을 찾도록 하는 기억력 검사를 했더니 자극이 풍부한 환경에 살았던 쥐들이 더 빨리 발판을 찾아냈습니다. 그렇듯 자극이 풍부한 공간은 뇌세포 형성과 효율적인 작동에 긍정적 영향을 미치는 것이 확실해졌습니다.

아몬드를 닮은 편도체

· · ·

내 머릿속 아몬드는 고장 난 거 같다. 난 기쁨도 슬픔도 사랑도 두려움도 희미하다. 그래서 감정이란 단어가 낯설다. 엄마는 내게 아몬드를 많이 먹이지만 그래도 효과가 없다. 여전히 난 웃지도 울지도 않는다. 엄마는 감정을 느끼지 못하는 내가 그저 '정상적'으로 살기를 바라는 마음으로 매일 감정을 공부시켰다. 엄마의 노력으로 튀지 않는 학교생활은 가능해졌지만, 여전히 내게 감정은 어렵다.

손원평 작가의 소설 〈아몬드〉의 일부입니다. 이 소설에는 뇌 편도체 이상으로 감정을 느끼지 못하는 한 소년의 성장 이야기가 잔잔히 펼쳐집니다. 우리 뇌의 편도체가 그 크기와 모양이 아몬드와 흡사하다고 합니다.

주인공의 생일날 엄마와 할머니가 '묻지 마 범죄'를 당해 할머니가 돌아가시고 엄마는 식물인간이 되지만 그 장면을 고스란히 목격하면서도 주인공은 아무 감정을 느끼지 못하는 대목은 너무나 충격적이고도 슬펐습니다.

소설의 소재가 된 편도체는 어느 지점을 어떻게 자극하느냐에 따라 공격적 행동을 촉진하거나 억제할 수 있는데요, 이 이론에 대한 것으로 예일대 교수 호세 델가도^{Jose Delgado}에 의한 황소 실험이 유명합니다. 델가도 교수는 스페인의 한 목장에서 황소 몇 마리의 편도체에 무선 수신기를 이식하였습니다. 그리고는 무선 수신기의 단추를 누르는 것 만으로 성난 황소를 멈춰 세웠습니다. 심지어 델가도 교수 스스로 아무런 안전장치 없이 무선송신 리모컨만 들고 투우장 한가운데 서서는 황소가 달려오는 순간 마법처럼 황소의 공격 의지를 꺾어 보였습니다. 전기자극을 받은 황소는 멀뚱히 바라보기만 할 뿐 공격할 의지가 없어 보였습니다.

실험장면은 고스란히 필름에 담겨 오늘날까지 전해집니다. 당시 전 세계에서 뉴스로 다뤄졌으며 '전기자극으로 뇌를 통제하여 동물의 행동을 정교하게 수정하는 모습을 보여준 대단한 실험'이라는 찬사가 쏟아졌습니다.

여러분은 〈뭉크의 절규〉라는 그림을 보면 무슨 생각이 드시나요? '저 사람 놀랐나 봐, 뭔가를 두려워하는 표정이네'라고 생각하시면 정상적인 공감능력을 갖춘 겁니다. 우리 뇌의 편도체는 얼굴 표정을 읽고 타인의 감정을 파악하는 기능도 합니다. 바꾸어 말하면 편도체가 제 기능을 못하면 상대방의 놀란 표정이나 공포에 찬 얼굴을 보고도 그 감정을 읽어내지 못한다는 것을 의미합니다.

그런데 사춘기에 접어든 청소년들이 이러한 시기를 살아가고 있다는 것을 알고 계셨나요? 다만 아몬드의 주인공처럼 편도체가 영구적으로 고장 난 것이 아니고, 아직 성숙하지 않았을 뿐입니다. 부모님의 불편한 표정이나 학교 선생님의 경고의 눈빛을 알아채지 못하고 엉뚱한 행동을 하며 속을 뒤집어 놓는 것은 눈치가 없거나 짓궂어서가 아니라 아직 뇌의 편도체가 덜 여물어서 그런 것이었습니다.

이 친구 저친구 만나봐야
사람보는 눈이 생긴다

학교에서 보아온 대부분의 아이들은 자신과 성향이 비슷한 아이들과 어울리는 것이 일반적이더군요. 한 번은 헤어스타일과 생김새가 비슷한 여자아이 둘이 항상 같이 다니 길래 친자매로 착각한 적이 있었습니다. 긴 생머리를 하고 있던 그 아이들은 미용실에 같이 가서 뒷머리 길이까지 맞춰서 잘랐다고 합니다. 아무래도 여학생들이 친구들을 사귈 때 성격이나 가치관은 물론이고 키나 생김새 등 외모조차 비슷한 친구들을 만나는 경향이 짙은 것 같습니다.

과학적으로도 자신과 비슷한 생각을 하고 관심사가 통하면 편안함을 느끼기에 그러한 현상이 생긴다고 합니다. 그러나 당장 대학만 진학해보아도 동기들 뿐만 아니라 선·후배와도 교류를 많이 하게 되고 사회생활을 하게 되면 10살, 20살 이상의 차이가 나는 사람들과도 협업해야 하는 경우가 많습니다.

인생 전반을 통틀어 다양한 사람과의 만남은 피할 수 없는 과정입니다. 생각이 다른 사람들과 때로는 각을 세우며 불편한 조율의 과정을 거쳐야 할 수도 있겠지만 그러한 경험은 사고의 틀을 확장하고 시야를 넓힐 수 있는 소중한 기회입니다. 그런 의미에서 취향과 성격이 다양한 친구를 두루 만난다는 것은 새로운 관점이 있다는 것을 인지하고 그것을 인정하는 성숙한 태도를 길러줄 수 있습니다.

부모님 입장에서는 내 아이와 붙어 다니는 친구가 마음에 안들 수도 있습니다. '왜 하필 저 아이랑 어울리지?' 하며 떼어놓고 싶은 마음이 드는 경우도 있습니다. 이때 '그 친구랑 놀지 말라'며 억지로 떼어놓으려는 선부른 행동은 오히려 역효과를 낳을 수 있습니다. 만나지 말라고 해도 어떤 수를 써서도 만날 테고 부모님에 대한 반항심만 키울 수 있습니다. 그러니 친구 사이를 떼어놓으려고 애쓰는 대신 성격과 가치관이 다른, 다양한 친구들과 교류할 수 있도록 허용적인 태도를 가지는 것이 아이의 내면적 성장에 도움이 됩니다. 이 친구 저 친구 많이 만나보아야 사람 보는 눈도 생길 것입니다

공간의 힘,
천장은 높이고 책상은 지저분하게

· · ·

책상이 꼭 깨끗할 필요는 없다.

자녀들의 지저분한 책상 상태를 견디기 힘들어하는 부모님들 많이 계시죠? 사실 저도 학창 시절 '니 책상 상태가 니 정신 상태야!'라는 잔소리와 함께 깨끗하게 정리부터 하고 공부하라는 잔소리를 꽤나 들었고 학생들에게도 책상 정리하라는 잔소리를 했었습니다. 그런데 이젠 자유롭게 그냥 두기로 했습니다. 연구에 따르면 지저분한 책상이 창의성에 도움이 된다고 합니다.

극도의 조용함보다는 백색소음이라고 불리우는 약간의 잡음이 있는 공간에서의 업무효율이 더 높다는 연구 결과도 있습니다.

창의력이란 것이 정형화된 기존의 질서에서 벗어나 새로운 것을 만들어내는 행위이기 때문입니다. 이제 자녀들의 책상이 좀 지저분하더라도 '이 놈 머리에서 세상을 놀라게 할 아이디어가 나올 수 있다'는 희망을 품으면서 스멀스멀 올라오는 화를 가라앉히시길 바랍니다.

소크 생물학 연구소

미국의 바이러스 학자 조너스 소크^{Jonas Edward Salk}는 소아마비 백신을 만든 위대한 과학자입니다. 피츠버그대 교수였던 그는 1950년대 소아마비 백신 개발에 인생을 걸었습니다. 어려운 조건에도 불구하고 연구에 매진했지만 특별한 진전 없이 제자리 걸음을 반복하고 있었습니다. 연구가 벽에 부딪히자 기분전환을 위해 그는 이탈리아 중부 아시시로 여행을 떠나게 됩니다. 평화로운 휴가를 보내고 있던 그는 13세기에 지어진 수도원의 높다란 천장 아래를 걷다가 일생일대의 놀라운 경험을 하게 됩니다. 헝클어진 실타래의 실마리를 찾아낸 것처럼 백신에 대한 영감을 떠올린 것입니다.

아이디어를 종이에 휘갈겨 기록한 그는 서둘러 미국으로 돌아가 수도원에서의 아이디어를 실험으로 옮겼고 결국 백신 개발에 성공하게 됩니다.

백신이 발표되고 4년 후 캘리포니아 주정부에서는 소크의 업적을 기리기 위해 그의 이름을 딴 소크 생물학 연구소^{Salk Institute for Biological Studies}를 건축하게 됩니다. 이때 소크는 백신의 아이디어를 준 이탈리아 수도원의 높은 천장에 대한 추억을 건축가에게 이야기하게 되고 건축될 연구소의 천장도 기존 건물의 그것을 넘어서는 높이로 지어줄 것을 부탁하게 됩니다.

소크의 바람이 현실이 된 것일까요? 3.3m의 높은 천장을 가진 소크 생물학 연구소는 700여 명이 연구원으로 일하는 비교적 작은 연구소이지만 지난 60년간 노벨상 수상자가 무려 12명이나 배출되었습니다. 아름답고도 놀라운 실화입니다.

MIT 빌딩 20

2차 세계대전이 진행 중이던 1943년에 세워진 허름한 3층 건물 '빌딩 20'은 전쟁이 끝나면 철거한다는 조건으로 단기간에 지어졌기에 구조나 환경이 엉망이었다고 합니다. 그런데 우리가 눈여겨보아야 할 사실이 있습니다. 이 엉성한 구조를 가진 공간에서 무려 9명의 노벨상 수상자가 배출되었다는 것인데요, 이 건물에 어떤 특별한 사연이 있길래 이런 탁월한 성과가 나올 수 있었던 걸까요?

첫 번째 비결은 '무질서'였습니다. 건물을 대충 짓고 체계적인 관리도 이루어지지 않았기 때문에 연구실 번호가 무질서하게 매겨졌다고 합니다. 연구자들은 복잡한 구조의 건물에서 무질서하게 매겨진 연구실을 찾아 헤매기 일쑤였다고 합니다. 그런데 아이러니 하게도 이런 환경이 새로운 자극의 기회가 되어 창의적 아이디어를 도출하는데 도움이 된 것입니다. 연구실을 찾아 헤매는 와중에 다른 영역의 과학자들과 복도에서 마주칠 수 밖에 없었고 그들은 자연스럽게 대화를 나누고 아이디어를 교환하며 타 영역의 색다른 그 무언가를 취할 수 있었던 겁니다.

두 번째 비결은 '자율성'이었습니다. 워낙 제멋대로 지은 건물이다 보니 입주한 사람들은 건물의 전기배선을 이리저리 연결했고 공간 활용에 불편을 느끼면 벽을 허물기도 하는 등 자유롭게 리모델링할 수 있었습니다. 안타깝게도 안전을 이유로 '빌딩 20'은 1998년 철거되었지만 창의성과 공간의 상관관계를 논 할 때 필수 예시로 오늘날에도 언급되고 있습니다. 공간에 변화를 주는 것은 자연스러운 소통을 유도하고 저절로 창의성을 키워주는 최고의 전략이 될 수 있습니다.

오랫동안 풀리지 않는 수학 문제가 있다고 가정해볼까요? 며칠을 책상 앞에 앉아 고민을 거듭하는 것보다는 완전히 다른 일을 하면서 시간을 보내는 게 오히려 문제 해결에 도움을 줄 수 있습니다. 산책을 하거나 미술관에서 작품을 보는 것도 좋습니다. 잡지나 신문을 뒤적이고 아무 목적 없이 빈종이에 낙서를 하는 것도 해법이 불쑥 떠오르게 하는데 도움을 줄 수 있습니다. 세상을 놀라게 할 창의적 아이디어는 고요한 산들바람 처럼 무심히 찾아오는 법입니다.

창의성과 수면,
잘자면 기발해진다

꿈의 실체는 과연 무엇일까요? 우리 인간은 오랜 시간 동안 꿈을 연구해왔습니다. 그러나 최근에서야 그 희미한 윤곽을 드러낼 뿐 누구 하나 '꿈은 이러한 것이다'라고 속 시원히 말해주는 이는 없습니다. 일상의 아이디어들을 뒤섞고 융합하여 재구성하는 독특한 메커니즘을 가진 듯합니다. 꿈은 비상식적이고 형이상학적이며 때론 망측하고 어이없습니다. 그러나 무릎을 탁 칠 정도로 예상을 뛰어넘는 창의적 아이디어를 주기도 합니다.

주기율표를 기억하시나요? 학창시절 저마다의 독특한 방법으로 열심히 외워대던 '주기율표'입니다. 주기율표를 처음으로 제안했던 러시아의 화학자 멘델레예프^{Mendeleev}는 이 표를 구성하고 체계적으로 배열하는데 애를 먹었다고 합니다. 그는 집과 연구실은 물론이고 이동 중인 기차 안에서도 틈만 나면 원소기호가 적힌 카드를 꺼내들고는 주기율표 배열에 열을 올렸습니다. 그러나 여러해 동안 노력했지만 실패의 연속이었습니다. 그러던 어느 날 멘델레예프는 그의 인생을 바꾸어 놓을 꿈을 꾸게 됩니다. 공중을 맴돌던 원소들이 스스로 제자리를 찾아가 조각을 맞추는 신기한 꿈이었습니다. 그는 깨어나자마자 꿈에서 보았던 원소의 조합을 종이에 옮겼고 이후 한군데만 수정을 하고는 드디어 완성된 주기율표를 작성했다고 합니다. 꿈이 꿈을 이루어 준 것입니다.

'예스터데이'는 그렇게 쓰여졌다!

비틀스 최고의 히트곡 중 하나인 '예스터데이^{Yesterday}' 들어보셨죠? 이 곡은 비틀스의 멤버 '폴 매카트니$^{Paul McCartney}$'에 의해 1965년에 작곡되었는데요, 작곡 비화가 꿈과 연관이 됩니다. 비틀스가 한창 성공가도를 달리고 있을 때 그들은 런던에서 영화를 찍고 있었다고 합니다. 폴 매카트니는 어머니 집의 좁은 다락방에 기거하고 있었는데 어느 날 꿈속에서 아름다운 클래식 현악 앙상블 연주를 들었다고 합니다. 그는 잠에서 깨자마자 피아노 앞으로 달려가 꿈에서 들었던 멜로디를 그대로 악보로 옮겨놓았고 편안한 느낌을 주는 아름다운 선율의 노래가 탄생하게 됩니다. 이후 '예스터데이'는 전 세계적으로 2천 명이 넘는 가수에 의해 리메이크되고 미국에서만 라디오 방송으로 6백만 번 이상 송출되는 빅히트송이 되었습니다.

3당 4락의 오해

3시간 자면서 공부하면 시험에 붙고 4시간 자면 떨어진다는 것은 옛

말입니다. 잠의 효율성과 중요성을 모르던 시절 이야기죠. 여러 과학자가 실험을 통해 밝힌 바에 의하면 잠은 기억력과 창의력 증진에 상당한 영향을 미치고 있습니다. 알고 보면 잠을 잔다는 것은 시간낭비가 아니라 아주 생산적인 활동입니다. 잠자는 시간을 줄여가면서까지 무리하게 뭔가를 하려고 애쓰지 말아야 합니다. 우리의 뇌는 자는 시간을 이용하여 낮에 얻었던 정보 중에서 쓸모없는 것들은 버리고, 의미 있고 중요한 것은 장기기억으로 넘기는 일을 합니다. 따라서 잠이 부족하면 낮에 겪었던 좋은 경험과 의미 있는 상황들이 머릿속에 남지 않고 사라지게 됩니다. 우리 아이들이 낮 동안 열심히 공부하고 탐구한 내용을 장기기억으로 효과적으로 넘겨주기 위해서는 적절한 수면을 취할 수 있도록 수면시간을 보장해주어야 합니다. 잠자는 시간을 아까워하지 않기를 바랍니다. 해결 방법을 알 수 없는 난제와 고민에 맞닥뜨리게 되었을 때 꿈이 새로운 해법을 제시해 줄지도 모르는 일입니다.

익숙함과의 이별이
유연한 사고의 시작

●

●

●

야구의 세계에는 '2년 차 징크스'라는 것이 있습니다. 실력이 출중한 새내기 선수의 경우 그들의 장단점이 아직 노출되지 않았기에 데뷔 첫해 눈부신 성적을 거두게 됩니다. 그러나 2년 차가 되면 그들의 약점은 상대팀 전력분석관에 의해 낱낱이 밝혀지게 되고 그것을 토대로 한 상대팀의 공략으로 데뷔 첫해보다 훨씬 저조한 성적표를 받게 되는 것입니다.

따라서 롱런하는 훌륭한 선수가 되기 위해서는 끊임없이 새로운 기술을 만들고 실력을 갈고 닦으며 변화에 변화를 거듭하여야 합니다. 골프선수나 야구선수가 더 완벽한 폼을 얻어내기 위해 새로운 스윙을 익히거나 코치를 바꾸는 것이 그러한 이유입니다.

사회 심리학 연구에 따르면 나이가 들수록 다른 사람과 만나서 이야기를 하는 것이 점점 불편하고 힘들어진다고 합니다. 이야기를 나

눌 수 있는 범위에는 한계가 있고 공통 관심사를 찾기도 힘들기에 대화의 소재가 금세 떨어져서 이야기를 이어나가기가 힘들어지는 것이죠.

그에 반해 생각과 취향이 비슷한 사람과는 소통을 하며 위안을 얻기도 합니다. 새로운 지식을 받아들이고 생각의 범위를 넓히기보다는 공감을 얻고 마음을 나누는 것에 가치를 두는 것입니다.

사실 초등학교 저학년과 유치원에 다니는 제 두 딸아이는 처음 보는 또래 친구들과도 금세 친해지고 격의 없이 지내는 것을 볼 수 있습니다. 그런데 보통 성인이 되고서 만나는 이와는 쉽게 친해지기가 어렵습니다. 혹여 동갑인 사람을 만나게 되더라도 '~씨' 혹은 '사장님' 이런 식으로 호칭을 부르지 쉽게 말을 놓거나 이름을 부르기 어렵지 않습니까? '일정한' 거리를 유지하는 것이 서로 편할 수 있습니다.

안드로이드 체제의 휴대폰을 사용하던 저는 얼마 전 애플의 아이패드라는 태블릿을 하나 장만하였습니다. 과연 ios 운영체제의 장점은 무엇이고 사람들이 그토록 열광하는 애플의 매력은 무엇인지 궁금해서 견딜 수 없었습니다. 그런데 제가 처음 느낀 것은 '아 불편하다'였습니다. 아이패드에는 안드로이드 기기와는 달리 뒤로 가기 버튼이 없습니다. 손가락 제스처 역시 새롭게 익혀야 했습니다. 아무튼 여러 가지로 불편함투성이였습니다.

여행을 좋아하지 않는 사람은 별로 없지요? 멋진 풍경과 아름다운 광경에 감동하고 역사적인 건축물과 예술품에 감탄하며 맛집의 메뉴에 호사를 누리는 것도 여행의 이유가 될 수 있겠지만 더욱 중요한 것이 있습니다. 여행은 낯선 공간과 새로운 사람들 속에 나를 옮겨 놓는 행위입니다. 평소와 다른 음식, 다른 생활공간, 다른 잠자리, 더 나아가 낯선 언어와 문자까지……, 우리의 뇌를 자극하는 요소는 무궁무진합니다.

　이것 하나 만으로도 여행의 가치는 충분합니다. 그러고 보니 ios라는 낯선 여행을 저의 뇌는 아마도 즐거워할 것 같다는 생각이 듭니다. 중고장터에 내놓을까 싶었던 아이패드를 다시 펼쳐봅니다. ios라는 미지의 세계를 기꺼이 탐험해보려고 합니다.

새학기 첫날의 교실은 어색어색…

학창 시절 새 학기 첫날 교실 분위기 기억나십니까? 친한 친구는 다른 반으로 가버리고 점심은 누구랑 먹지? 화장실은 누구랑 가지? 외롭고도 긴장되는 두려움의 순간이었습니다. 요즘도 비슷합니다.

새 학기 첫날 수업을 들어가 보면 꿀 먹은 벙어리 마냥 우리 아이들은 눈만 껌뻑 껌뻑……. 10년 넘게 교단에 선 저도 이런 날은 긴장하지 않을 수 없습니다. 그런데 이러한 초조함의 순간에도 우리의 뇌는 그것을 '도전'으로 인식합니다. 우리가 힘을 낼 수 있도록 쾌감을 느끼는 도파민이 뿜어져 나오는 것이죠.

변화가 두렵고 적응이 힘들기만 하다면 인류는 살아남을 수 없었을 것입니다. 전학을 가거나 학년이 올라가서 새로운 친구들과 지내야 할 때 아이들의 마음은 걱정스럽고 긴장을 하겠지만 그때 뇌는 새로운 도전을 즐겁게 받아들이고 있을 것입니다. 앞길이 구만리 같은 우리 아이들입니다. 수없이 맞닥 들이게 될 변화와 적응의 순간을 즐겁게 받아들이는 씩씩하고도 현명한 아이들이 되기를 바랍니다.

자율성,
'스스로'가 높여준 수학성적

·
·
·

아이들이 어릴 때는 학교에 가는 걸 그다지 싫어하지 않습니다. 제 두 딸아이를 보더라도 어린이집, 유치원, 초등학교 저학년 때까지는 학교 가는 것에 거부감이 없습니다. 심지어 즐겁게 다닙니다. 왜냐하면 재미있는 것들을 많이 접하고 노래나 춤도 배우며 선생님들도 매우 친절하게 대해주시기 때문입니다. 그러나 불행하게도 학년이 점점 올라갈수록 학교에 대한 좋은 이미지는 사그라들기 마련입니다.

제가 지금 담당하고 있는 중학교 2,3학년쯤 되면 마지못해 등교합니다. 무엇이 그들을 이렇게 만들었을까요? 아마도 자율성의 결여가 그 원인 중 하나가 아닌가 생각해봅니다. 공부든, 놀이든, 취미생활이든 스스로의 동기에 의해 하고 싶은 마음이 들었을 때 해야지 그렇지 않으면 흥미가 떨어지고 재미가 없습니다.

중학생쯤 되면 자의식이 강해지고 독립심도 막 자라나기 시작하는 시기인데 막상 중학교에서 자율성을 발휘하여 스스로 선택하고 결정을 내릴 수 있는 것은 거의 없습니다. 중학교는 고등학교 입시를 위해, 고등학교는 대학교 입시를 위해 초점이 맞추어져 있으므로 학생들이 선택할 그 무엇이 거의 없습니다. 정해진 시간표에 따라 짜여진 교육과정과 동일한 교과서로 배워야 하고 점심시간이 되면 정해진 메뉴로 급식을 먹습니다. 쉬는 시간에는 쉬고 청소시간에는 청소하며 종례를 마치면 하교합니다. 이 모든 것이 정해진 그대로입니다. 하다못해 오늘 공부하고 싶은 단원, 관심이 가는 과목이라도 스스로 정해서 '얼마만큼 알아내겠다. 어디까지 진도를 뽑아내겠다'라는 자율성이 주어진다면 학교의 모습은 어떻게 변할지 기대가 됩니다. 자율성이 없으면 의욕이 떨어지는 것은 당연한 이치입니다.

자율성과 효율성

자율성과 효율성은 떼려야 뗄 수 없는 관계에 있습니다. 어린 시절 방이 더러워 보여서 오래간만에 큰 맘먹고 청소를 하려는데 그 순간 어머니께서 '네 방 청소 좀 해라'라고 하면 갑자기 하기 싫어지지 않았나요? 숙제하려는데 '숙제 좀 하고 놀아'라고 하면 책 펴기 싫어집니다. 맛있어 보이는 반찬이 눈에 들어와 젓가락으로 집으려는데 '편식하지 말고 이것 좀 먹어봐'하면 왠지 먹기 싫어지는 경험, 저만 그런가요?

공부나 운동도 마찬가지인 것 같습니다. 설거지를 하며 유튜브로 짧은 다큐멘터리를 하나 보았는데요,(저는 유튜브와 블루투스 이어폰 없이는 설거지를 못합니다.) EBS 〈공부 못하는 아이〉라는 프로그램에서 자율성과 관련한 실험을 하는 내용이었습니다.

초등학생 4학년 학생을 6명씩 두 그룹으로 나누어 1시간 동안 80개의 문제를 풀게 하는 실험이었습니다. 한 그룹에게는 선생님이 엄하고 단호한 표정으로 80개의 문제를 반드시 풀어야 하며 푸는 동안 자리를 이탈하거나 딴짓을 하면 안 된다고 다소 억압적인 메시지를 주었습니다.

선생님이 나가신 후 아이들은 문제를 풀기 시작했지만 약 20여분이 지나자 대부분의 학생들이 집중력을 잃기 시작했습니다. 영상 속의 아이들은 더 이상 문제를 풀기 위한 '전의'를 상실한 듯 보였고 팔다리를 배배 꼬며 남은 시간을 힘겹게 버텨낼 뿐이었습니다. 1시간 후 6명의 학생들은 지시받은 80문제를 꾸역꾸역 다 풀어냈습니다. 실험 직후 학생은 제작진과의 인터뷰에서 한결같이 문제가 풀기 힘들고 어려웠다고 대답을 했고 기억에 남는 문제가 있냐고 했더니 단 1명만이 겨우 기억해냈습니다.

자, 이번에는 두 번째 그룹입니다. 이 그룹의 학생들에게는 선생님이 '자율성'을 부여해 보았습니다. 우선 80개의 문제를 무조건 다 풀어야 한다는 강제 조건이 사라졌습니다. 풀고 싶은 만큼만 풀어도 좋고 힘들거나 지루하면 쉬다가 풀어도 되며 심지어 교실을 돌아다녀도 좋다는 자율성을 부여받았습니다.

그랬더니 아이들은 30분이 넘도록 흐트러짐 없이 놀라운 집중력을 보여주었습니다. 주어진 조건에 의하면 80문제를 다 풀지 않아도 되는데도 불구하고 아이들은 더 많은 문제를 스스로 풀어 결국 80문제를 다 풀어냈습니다. 실험 후 인터뷰에서도 문제가 쉽고 재미있었다는 긍정적인 답변을 내놓았고 시험 내용에 대해서도 꽤나 구체적으로 기억하고 있었습니다. 그렇다면 시험 점수는 어땠을까요? 예상한 대로입니다. 공부하는 방법과 시간에 대한 자율성이 주어진 그룹이 강제적으로 공부한 학생에 비해 훨씬 더 높은 점수를 받았습니다.

스스로 통제할 수 있는 환경에서 자신의 선택에 의해 자율적으로 과제에 임한 학생들은 문제를 쉽게 느끼고 즐겁게 해결했을 뿐만 아니라 과제를 수행하는 내내 집중력을 잃지 않았고 결과적으로 높은 성적까지 얻어냈습니다.

	강제 그룹	자율 그룹
수학	81.7	91
과학	80	87
평균	82.6	87

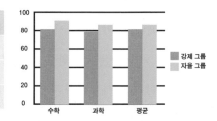

인간은 보상과 관계없이 스스로 자율적으로 정한 목표를 이루기 위해 노력하는 내재적 동기를 애초에 지니고 있다고 합니다. 보상과 관계없이 순수한 자율성이 그들의 노력과 성과에 영향을 미친다는 것입니다. 같은 맥락으로 우리 아이들에게 '이번 중간고사 때 몇 등 안에 들면 아이폰 사줄게', '용돈 올려줄게'라는 보상은 그다지 효율적이지 않다는 말씀을 드립니다.

몇몇은 꾸역꾸역 성적을 높여 부모님이 내걸어놓은 보상을 획득하기도 합니다. 그런데 대부분의 경우 아이폰과 용돈을 손에 거머쥐는 순간 성적은 다시 제자리로 돌아가는 경우가 많았습니다. 물질적 보상은 단기간의 일시적인 효과는 있을 수 있지만 오랜 기간 공부에 흥미를 불어넣기는 역부족입니다.

　모든 의사결정을 스스로 하고자 하는 자율성은 즐거움과 만족을 얻으려는 인간 심리의 원천입니다. 우리는 상과 벌 같은 일차원적인 방법에 의존하기보다 아이들이 스스로의 자율성과 흥미에 의해 움직이도록 격려해주고 기다려 주어야 합니다. 내재적 동기와 자율성이 중요한 이유입니다.

운동도 자율적으로 해야 효과있다

공부뿐만 아니라 운동도 자율적으로 해야 효과가 있습니다. 쥐를 이용한 연구에 의하면 자발적으로 쳇바퀴를 돈 그룹과 강제로 운동을 시킨 그룹 사이에는 운동으로 인해 활성화되는 뇌유래신경영양인자인 BDNF[Brain-derived neurotrophic factor]의 양에 현저한 차이가 있었다고 합니다. 강제적으로 운동을 시킨 쥐들은 BDNF는 고사하고 스트레스호르몬인 코르티솔 수치만 치솟았습니다.

뇌유래신경영양인자(BDNF)

BDNF에 대해 정리하고 넘어가야할 것 같습니다. 뇌유래신경영양인자Brain-derived neurotrophic factor라고도 불리는 BDNF는 기본적인 신경성장 요인에 연관되어 있으며, 뇌와 그 주변부에서 찾아볼 수 있습니다. BDNF의 주요 역할은 줄기세포를 생성하고 신경세포를 만들어내며 생성된 세포가 죽지 않고 활성화되도록 돕는 것입니다. 그러니 당연히 기억과 학습을 담당하는 뇌에 긍정적인 영향을 미치겠지요? 게다가 뉴런과 뉴런을 연결하는 시냅스의 형성과 성숙을 돕는 역할도 한다고 합니다.

흥미로운 것은 BDNF와 우울증, 조현병, 강박장애, 치매, 알츠하이머병, 신경성 식욕부진증, 폭식증, 뇌전증과의 연계성이 존재한다는 것인데요, 여러 연구에 의하면 자폐성 장애를 가진 사람에게서는 BDNF가 일반인 보다 현격하게 결여되어 있다고 합니다. 또한 어릴 때 정신적 트라우마를 받은 사람들의 경우에도 BDNF가 결여되어 있다는 연구결과가 있습니다.

무조건 1바퀴 뛰어!

사실 별것도 아닌데 아이들에게 자율성을 주었더니 이런 일이 벌어졌습니다.

어느 해 초여름, 체육수업 중 있었던 일입니다. 보통 수업을 시작하기 전 준비운동으로 운동장을 뛰는 것이 포함되어 있습니다. 사실 아이들은 운동장 뛰는 것을 참 싫어합니다. 해가 쨍하게 뜬 날이나 조금이라도 더운 날이면 어떻게든 덜 뛰어보려고 기를 쓰거든요.

제가 '오늘은 운동장을 1바퀴만 돌자'라고 하면 학생들이 '아~ 선생니임~ 반 바퀴만 돌아요, 오늘은 안 돌면 안돼요?'라는 반응이 나옵니다. 그런데 살짝 말을 바꿔서 제가 '1바퀴도 좋고 2~3바퀴도 좋으니 뛰고 싶은 만큼 뛰어보렴'이라고 하면 군말 없이 1바퀴를 뜁니다. 게다가 어떤 날은 1바퀴도 뛰기 싫다던 아이들이 거뜬하게 2바퀴를 뛰어내기도 합니다.

자율성의 힘입니다. 편식이 심한 편인 제 딸아이들에게도 자율성을 주었더니 상황이 나아졌습니다. 처음엔 어떻게든 야채를 먹여보려고 강제로 식판에 일정량을 주었습니다. 코를 막고 헛구역질을 해가며 알약 삼키듯 물과 함께 밀어 넣던 아이들이었는데요, 식판에 스스로 먹을 야채를 덜어가도록 아주 작은 선택권을 주었더니 그야말로 '어린아이처럼' 즐거워하며 골라 담았습니다.

물론 요즘도 코를 막고 먹긴 합니다만 최소한 식판에 담긴 야채를 보고 한숨 쉬는 일은 없으니 다행이라 생각합니다.

운동장을 강제로 뛰면 스트레스를 받게 되고 운동효과는 반감됩니다. 먹기 싫은 야채를 헛구역질하며 먹으면 과연 영양이 제대로 전달될까 싶습니다. 무엇이든 스스로 선택했다는 '착각'에 빠질 수 있도록 멍석을 깔아주는 지혜가 필요합니다. 공부든, 운동이든, 식사든 자발적 마음이 동할 수 있는 묘안이 필요합니다.

딴짓의 힘, 당신의 딴 짓은 무엇입니까?

·

·

·

노벨상을 수상한 탁월한 과학자들과 보통의 과학자들 사이에는 어떤 차이점이 있는 걸까요? 그들에게는 예술을 즐기느냐 그렇지 않느냐의 명백한 차이가 있었습니다.

1901년에서 2005년까지 노벨상을 받은 뛰어난 과학자들을 조사해보았더니 그들은 예술 분야의 취미를 즐기는 사람들이었습니다. 노벨상 수상자들은 일반 과학자에 비해 악기를 연주하고 아마추어 오케스트라를 지휘했으며 심지어 작곡까지 했습니다. 인물을 스케치하고, 유화를 그리며, 조각과 목공예를 하는 비율은 7배 높았고 시, 장·단편 소설, 에세이 등의 글쓰기를 즐기는 비율이 12배 높았습니다.

그들은 공연을 위해 무대에 서는 것도 두려워하지 않았는데요, 배우, 무용수, 마술사로 공연을 하는 비율은 무려 22배나 높았습니다. 다시 말해 역대 노벨상 수상자들은 다른 과학자들보다 더 많이 악기를 연주하고 더 많이 그림을 그렸으며 더 많은 글을 쓰고 공연을 위해 무대에 서는 것을 즐겼다는 것입니다.

어둑어둑한 연구실에서 책과 실험에 파묻혀 지내며 종일 논문 쓰기에 열중해야 노벨상을 받는 줄 알았는데, 왜 '딴짓'을 한 과학자들이 노벨상을 받을 확률이 높은 걸까요?

연구에 몰두할 때 그들은 냉철한 이성과 논리적 사고로 무장된 과학자였습니다. 뇌가 아주 팽팽하게 긴장한 상태인 것이죠. 그러나 취미로 예술을 할 때 그들은 풍부한 감성을 느끼고 즐기는 자유인이었던 겁니다. 이와 같이 전혀 연관 없을 것 같은 두 분야를 오가며 그들의 두뇌는 자극받았을 것이며 유연해진 뇌에서는 참신한 아이디어가 샘솟듯 뿜어져 나온 것이 아닐까요.

알베르트 아인슈타인은 과학자이기에 앞서 바이올린 광이었다고 합니다. 연구가 벽에 부딪힐 때마다 바이올린으로 마음의 위안을 얻기도 하고 무아지경의 연주 중 새로운 아이디어가 떠오른 적도 많았다고 해요. 여러분의 딴짓은 무엇인가요?

딴짓의 종류, 창의력 키우기

다양하고 낯선 경험이 창의성 증진에 도움이 된다는 사실을 여러 연구결과를 예로 들어 설명드렸습니다. 도처에 흩어져 있는 혁신의 실마리를 찾아내어 새로운 무엇을 만들어 내려면 어떤 실천이 필요할까요?

독서는 기본 중의 기본입니다. 책을 읽는다는 것은 시공간의 제약 없이 다양한 사람의 견해와 다양한 체험을 단시간에 취하는 매우 효율적인 행동입니다. 한 권의 책이 나오기까지 저자는 얼마나 많은 경험과 통찰의 시간을 가졌을까요? 인고의 과정을 거친 책은 그야말로 지혜의 정수입니다. 직접 만날 수 없는 대석학을 만나고 최고의 이야기꾼을 만나는 독서는 스토리가 주는 재미와 더불어 새로운 영감을 불러일으키기에 충분한 경험을 제공하리라 믿습니다.

수시로 여행하셔야 합니다. 여행은 새로운 장소와 공간에 나를 던져 넣는 일입니다. 활자로 된 책이 상상력을 자극해 준다면 여행을 통한 체험은 오감을 자극하는 귀중한 기회를 제공하죠. 몸으로 부딪혀 얻는 다양한 자극은 일상에서 오는 정형화된 루틴을 깨고 새로운 시각과 관점을 제공해줍니다. 굳이 비행기를 타거나 기차에 올라 먼 거리를 이동하는 것 만이 여행이 아닙니다. 시공간적 제약과 금전적 문제, 게다가 어린아이가 있는 집이라면 떠나고 싶을 때 떠나는 것은 현실적으로 불가능합니다. 따라서 일상을 여행으로 만들 수 있는 변칙 기술이 필요합니다.

첫 번째 변칙기술은 출퇴근의 경로와 방법을 바꾸어 보는 것입니다. 보통은 자신에게 익숙하고 최단시간의 경로를 터득해 그 길로만 다닙니다. 사실 저도 그렇습니다. 〈나의 문화유산 답사기〉의 유홍준 교수님은 답사 후 돌아올 때는 반드시 다른 길로 돌아서 온다고 합니다. 예를 들어 서울에서 여수를 답사한다고 가정하면 내려가는 길에는 서해안을 거쳐서 가고 서울로 돌아오는 길은 내륙 중앙을 통과하는 식으로 말입니다. 답사 때 경로를 다양화하여 되도록 많은 풍광을 보고 여유가 되면 또 다른 유적을 답사할 수도 있다는 이유입니다.

저의 '딴짓' 관점에서 보아도 매우 합리적인 답사 동선이라 생각합니다. 이와 같은 맥락으로, 퇴근하실 때는 출근길과 다른 경로로 귀가해보고 지하철로 다녔다면 버스도 한번 타보길 권합니다. 봄가을 날씨가 좋은 날에는 과감하게 자전거도 이용해보세요.

두 번째는 옆동네 재래시장 여행하기입니다. 저는 되도록이면 식사 전에 재래시장을 방문합니다. 그 이유는 공복 상태는 구경하는 재미에 미각의 유희까지 더해 재래시장 여행의 즐거움을 극적으로 끌어올려주기 때문입니다. 시장의 길거리 음식은 그 분위기가 맛을 배가시킵니다. 평소에 안 먹던 음식들을 즐겨보세요. 또 앉지 말고 서서 드세요. 항상 앉아서 먹으니 서서도 먹어보길 권합니다. 이런 소소한 딴짓이 어느 날 느닷없이 번뜩이는 아이디어를 선물해 줄지도 모릅니다. 아! 그리고 싸오면 맛없어요. 그곳에서 드셔야 그 맛이 납니다.

자신의 전공이나 직업과 무관한 **취미**를 가져보세요. 앞서 설명드린 바와 같이 극한의 창의성을 필요로 하는 노벨상 수상 과학자의 경우 유난히 음악과 미술 등 예능 쪽의 취미를 가지는 성향이 두드러졌습니다. 창의적 사고가 나타나는 순간 우리의 뇌를 MRI로 스캔해보았더니 평소에는 신호를 거의 주고받지 않던 멀리 있는 뇌 부위가 서로 자극을 주고받는 것이 관찰되었다고 해요. 전공과 무관한 취미가 이러한 현상에 도움을 줄 수 있고 뇌를 자극해주는 역할을 한다고 합니다.

운동해야 합니다. 가장 강조하고 싶은 부분입니다. 운동은 딴짓 중에서도 최고의 딴짓이라고 할 수 있습니다. 기분전환을 돕는것은 물론이고 신선한 혈액을 뇌로 전달하여 머리가 쌩쌩 돌아가게 해줍니다. 게다가 심폐지구력과 근력이 향상되므로 각종 질병을 치유하고 예방하여 신체적 건강까지 덤으로 챙길 수 있습니다.

유산소 운동이 창의성에 긍정적 영향을 미친다는 연구는 최근 수 없이 쏟아져 나오고 있습니다. 놀라운 창의력을 발휘하는 위인들은 이미 체험을 통해 운동을 그들의 놀라운 성취에 활용해왔습니다. 세계적인 물리학자 알베르트 아인슈타인^{Albert Einstein, 1879~1955}은 창의적인 발상을 주로 자전거 위에서 얻었다고 합니다.

무라카미 하루키 같은 소설가가 매일 10km를 달리고 1km 넘게 수영을 하기에 새로운 아이디어와 참신한 이야깃거리가 샘솟듯 뿜어져 나오는 것이겠죠. 달리고 수영하는 신체활동이 고도의 정신활동인 글쓰기와 상관없어 보일 수 있지만 실상은 매우 밀접하게 연결되어 있는 것입니다.

육체적인 힘과 정신적인 힘은 삶의 수평을 유지해주는 두 개의 바퀴와 같습니다. 강도 높은 신체활동이 그를 위대한 베스트셀러 작가로 만들었듯 적당한 운동이 여러분의 인지 활동과 학습에 터보 엔진을 달아줄 수 있습니다.

멍때리기와 빈둥거리기

대부분의 부모님들은 자녀가 빈둥거리며 시간을 보내는 것을 견디기 힘들어합니다. 멍 때리며 뇌를 쉬게 하는 소중한 시간일 수 있는데 부모님 입장에서는 허송세월 한다고 생각하시는 것 같아요. 하지만 이러한 시간에 아이들의 창의력이 싹틀 수 있다는 것을 알아야 합니다. 번뜩이는 영감과 신선한 아이디어는 한가롭게 빈둥대는 순간에 '반짝'하며 나타날 수 있기 때문입니다.

우리에게 익숙한 미국의 사무용품 생산 기업인 3M은 '15% 룰'이라는 제도를 시행 중입니다. 이것은 직원들이 창의적인 활동에 근무 시간의 15%를 쓸 수 있도록 쉬든, 자든, 먹든 무조건 일정 시간을 자유롭게 쓸 수 있게 보장해 주는 제도입니다. 평범한 휴식시간의 한 종류로 보일지 모르지만 이 시간을 통해 회사를 먹여 살리고 있는 포스트잇과 수정액 등의 히트상품들이 쏟아져 나왔습니다. 이런 혁신적이고 참신한 '15% 룰'은 비슷한 형태로 세계 각지의 기업에서 벤치마킹하고 있습니다.

이제 우리 아이들에게도 '15% 룰'을 적용해보면 어떨까요?

아이들의 생활에 너무 깊이 들어가려 하지 마세요. 너무 시시 콜콜하게 규제하거나 개입하려 하기보다 15% 룰처럼 정해진 시간에는 알아서 그 무엇을 하도록 지원만 해주는 것입니다. 그맘때의 아이들은 거의 모두 자립심이 싹트는 시기이며 부모의 조언을 잔소리로 치부해버리는 경향이 있습니다. 그리고 가장 중요한 것은 지나친 잔소리는 아이들의 반항심만 키우는 역효과를 낼 수도 있다는 사실입니다. 아이들에게 어느 정도 재량과 자유를 주고 빈둥거릴 수 있는 여유를 주는 것이 창의성을 꽃피울 수 있는 비결이 됩니다.

세계 경제 포럼에서는 미래에 요구되는 교육 목표 중 하나로 복잡한 문제를 해결해내는 창의력을 포함시켰습니다. 복잡한 문제를 풀어낼 수 있는 창의적인 사람이 미래 사회에 적합한 인재상이라는 것입니다. 복잡한 문제를 창의적으로 풀기 위해서는 다양한 분야를 아우르며 총체적으로 꿰뚫어 보는 통찰력이 필요합니다.

과학자들이 음악과 미술을 즐겨하듯, 우리 아이들이 수학 과학뿐만 아니라 예술 분야에까지 소양을 갖추고 있어야 한다는 이야기입니다. 문제 해결의 실마리를 잡아내기 위한 창의력의 시작은 사고의 유연성에서 시작됩니다. 사고의 유연성은 무엇일까요? 기존의 생각에 매몰되지 않고 문제를 새로운 관점에서 바라보고 해결을 위해 다양한 접근방식을 생각해 내는 행위입니다. 창의력과 굉장히 유사합니다. 이런 유연성을 가지기 위해서는 뇌에게 충분한 휴식을 제공해야 하며 새롭고 흥미로운 자극을 제공해야 합니다. 여유로움을 넘어서 무료함과 심심함을 느낄 정도도 괜찮습니다. 구글과 같은 초인류 기업이 직원들의 휴식을 위해 수천 달러짜리 낮잠 기계를 왜 들이는지, 아르키메데스는 '유레카'를 외치던 그 순간 어디에서 무얼 하고 있었는지 한번 생각해 보세요.

'누가 누가 잘 외우나?'

어린 자녀를 둔 요즘 부모님들은 아이들에게 새로운 경험을 주기 위해 참으로 열심히 육아를 하고 있습니다. 주말이면 놀이동산, 테마파크, 캠핑 등 아이들에게 새롭고 신선한 경험을 주기 위해 애쓰는 모습을 많이 볼 수 있습니다. 그런데 중·고등학생이 된 이후부터는 아이들에게 주말은 더 이상 특별한 날이 아닙니다. 학교에 가지 않아도 된다는 것이 작은 위안이 될 뿐 특별한 활동은 거의 하지 않습니다.

저는 월요일이면 수업을 시작하기 전 학생들에게 주말에 뭘 했는지 물어봅니다. 그런데 특별한 대답이 돌아오는 경우가 거의 없습니다. 특히나 시험기간이 되면 학원 보강수업 들으랴 독서실 가랴 과외까지……. 촘촘히 짜인 일과를 빠뜨림 없이 소화해야만 하기에 우리 아이들 여유 부릴 시간이 없습니다. 아이들이 공부하는 내용도 거의 외우기나 문제풀이에 국한되어 있습니다. 외우기 좋게 일목요연하게 재단된 지식을 짧은 시간 안에 정확하게 머릿속에 집어넣어야 합니다. 그리고는 오차없이 시험지에 쏟아내는 '누가 누가 잘 외우나' 시합을 벌이는것 같아요.

물론 최근 학교의 시험 형태가 많이 개선되기는 했습니다. 단순 암기보다는 수행과정을 평가하고 서술형 시험 문제의 비율을 늘리고 있습니다. 그러나 여전히 잘 외우고 잘 출력하는 학생이 좋은 성적을 받아갈 수 밖에 없는 구조인 것은 부정할 수 없는 사실입니다.

밴드 공연하는 의사, 바이올린을 켜는 과학자, 마라톤을 즐기는 교수, 이들이 자신의 본래 직업 외에 다른 일에 빠져드는 이유는 무엇일까요?

예술과 운동을 취미로 하는 이들은 책상에서 연구만 하는 사람들보다 새롭고 특이한 경험에 노출될 수 밖에 없습니다. 예술과 운동은 뇌를 자극하기도 하고 휴식을 주기도 하는 것입니다.

우리의 아이들도 책상에 앉아 문제집만 풀다보면 효율이 떨어지고 발전이 더딜 수 밖에 없습니다. 악기 연주하기, 그림 그리기, 신체를 움직여 땀을 흘리는 등의 다채로운 경험을 제공해주어야 합니다. 새로운 경험은 세상을 다르게 바라볼 또 하나의 렌즈를 추가하게 되는 것입니다. 망원렌즈를 끼우고 코앞으로 끌어당겨 바라보기도 하고 화각이 넓은 렌즈로 전체 풍경을 너른 시야로 보기도 한다면 새로운 관점에 눈을 뜰 확률이 높아질 것입니다. 이것저것 끌어다 연결해볼 수 있는 '무언가'를 많이 가졌을 때 창의성의 길은 열리게 됩니다.

결국 자기에게 이질적이고 낯선 경험을 할수록 창의성을 발휘할 확률이 높아지는 것입니다. 아이들의 창의성을 키워주고 싶다면 다양한 경험을 하도록 도와주어야 합니다. 틈틈이 바이올린을 즐긴 아인슈타인처럼 말입니다. 학교에서 예술제나 체육대회 같은 행사를 진행해보면 공부에서 두각을 나타내는 아이가 예체능에도 소질을 보이는 경우가 적지 않게 목격됩니다.

그야말로 두루두루 만능인 아이들이죠. 공부만 하는 줄 알았더니 기타도 수준급이고 수학 성적만 좋은 줄 알았더니 달리기도 잘하는 아이가 있습니다. 아무래도 그런 의외의 모습을 발견하면 아이들이 친구를 바라보는 시선도 달라집니다. '우와, 저 아이가 기타도 칠 줄 아는구나, 저 아이는 드럼을 언제 배웠지?'하며 여가를 건강하게 보내는 모습이 멋져 보입니다. 반전 매력을 가진 아이가 미래를 다채롭고 아름답게 만들어 주기를 기대해봅니다.

복근부위 운동입니다. '크런치'라고도 합니다.
10회씩 3세트로 운동합니다.

1. 바닥에 누운 상태에서 무릎을 세우고 양손을 뒷머리에
   닿게 합니다.
2. 배에 힘을 주어 어깨가 들릴 정도로만 상체를 올립니다.
3. 천천히 버티면서 내려갑니다.

Elbow Plank

Basic Plank

Elevated Side Plank

Elbow Plank (Knee)

Plank Leg Raise

Ball Plank

Bent Knee Side Plank

Plank Arm Reach

Ball Plank Reverse

Side Plank

Side Plank
Knee Tuck (1)

Extended Plank

Side Plank Leg Lift

Side Plank
Knee Tuck (2)

Reverse Plank

성적향상의 전제조건,
정서적 안정

②

하버드 인생보고서가 말하는 행복의 조건

세계 최장기 인생성장보고서인 '하버드대학교 성인발달 연구'를 들어보셨나요? 1938년에 시작되어 무려 800여 명을 평생에 걸쳐 추적 조사한 전무후무한 성인발달 연구입니다. '행복이란 무엇이며 그것을 얻기 위한 공식과 비법이 존재하는가?'라는 물음에서 시작된 연구는 72년 동안 지속되었으며 2010년 조지 베일런트[George Vaillant] 교수에 의해 〈행복의 조건〉이라는 제목으로 우리나라에 출간되기도 하였습니다.

저는 이 책을 최근에서야 읽어보게 되었는데요, '왜 더 일찍 이 책을 만나지 못했을까?'라는 생각이 들 정도로 아주 인상 깊은 내용이 많았습니다. 가장 기억에 남는 것은 조지 베일런트 교수가 연구의 결론으로 제시한 건강하고 행복하게 살기 위한 7가지 요소였는데요, 그중 제가 가르치고 있는 체육수업내용과 직간접적으로 연관되는 것이

5가지나 들어 있었습니다. 아래의 7가지 내용 중 체육수업과 관련된 5가지 내용이 무엇인지 한번 골라 보시겠어요?

1. 고통에 대응하는 성숙한 '방어기제'
2. 자기 관리능력과 인내심을 길러주는 '교육' 수준
3. 안정된 결혼생활
4. 금연
5. 금주
6. 운동
7. 알맞은 체중 유지

정답을 잘 골라내셨는지 궁금합니다. 제가 생각하는 체육수업과 겹치는 내용은 자기 관리능력과 인내심을 길러주는 교육 수준, 금연, 금주, 운동, 알맞은 체중 유지, 이렇게 5가지입니다.

먼저 '교육 수준'을 살펴볼까요? 교육 수준이 높다는 것은 단순히 사회적 계급이나 지적 능력만을 의미하는 것이 아닙니다. 교육 수준이 높은 사람일수록 자기 관리에 노력을 기울이고 보다 높은 수준의 인내심을 가지고 있으므로 담배를 끊거나 금주하며 음식을 조절하는 비율이 높았다는 것이죠.

그런데 교육으로 인해 자기 관리와 인내하는 능력이 길러지듯 여러 가지 운동을 통해서도 같은 효과를 얻을 수 있습니다. 운동을 통해 몸매 관리와 건강유지라는 두 마리 토끼를 동시에 잡을 수 있습니다. 게다가 운동의 효과를 보기 위해서는 일정 기간 인내력 있게 운동을 지속해야만 하고 운동 강도 역시 어느 수준 이상이어야 하므로 인내력도 자연히 길러집니다. 자기 관리와 인내심은 상당히 밀접히 닿아 있습니다. 다음으로 금연과 금주는 체육 교과서에도 실려 있을 뿐만 아니라 학교생활지도에서 가장 중요한 부분이기도 합니다. 저는 〈행복의 조건〉을 읽으면서 신체적, 정신적 건강 유지에 기초 지식을 제공하는 체육교과의 존재 이유에 대해 자부심을 가지게 되었습니다.

술·담배에 찌든 그때 그 녀석들, 잘 지내고 있을까?

우리나라 청소년의 흡연율과 음주비율은 각 6.7%, 16.9%의 비율로 조사되었습니다. 대면 인터뷰나 설문지 작성을 할 때 보통 본인에게 불리한 응답은 피하거나 거짓 응답을 하는 경향이 있다는 것을 가정해 보면 실제로는 더 높을 것으로 추정됩니다. 공중파 방송에서는 이미 오래전부터 흡연 장면은 일체 송출되지 않고 있습니다.

이렇듯 흡연과 음주를 부추기거나 미화하는 영상을 배척해오고 있습니다. 그러나 청소년은 여전히 술, 담배를 즐기는 '폼' 나고 '쿨'해 보이는 어른스러움을 동경하고 있는 듯합니다.

10년도 더 지난 이야기입니다. 어느 날 저녁 낯선 번호로 전화가 왔습니다. 본인은 노래방 주인이라면서 흥분한 목소리로 '어서 와서 애들 데려가라'고 하는 겁니다. 아이들 이름을 말하는데 우리 학교 애들이었습니다. 달려가 봤더니 노래방에서 술 마시고 담배 피우고 오바이트까지 해서 방안을 난장판으로 만들어놓은 겁니다. 한 녀석은 인사불성이 되어서 소파 구석에 곯아떨어져 있고 고개를 푹 숙인 녀석들은 술과 찌든 담배냄새를 풍기며 비틀비틀 벽에 기대 몸을 가누지 못하고 있었습니다. 참 난감했습니다. 부모님께 연락하면 엄청나게 두들겨 맞는다고(당시엔 부모님의 사랑의 매가 허용되던 시기였습니다.) 차라리 학교 선생님께 연락해달라고 노래방 사장님께 간청을 했다는 겁니다.

방과 후 몇 날 며칠을 남겨 벌 청소와 반성문을 쓰게 하고 충격요법으로 부모님들과 함께 금연·금주 캠페인도 했습니다. 그런데 그 녀석들은 이후에도 술 담배로 여러 번 걸렸더랬습니다. 성인도 자제력이 부족해서 번번이 실패하는데 자기 통제력이 약한 청소년은 오죽하겠습니까? 금연 금주를 그들의 자제력에 떠넘기는 것은 그야말로 어불성설입니다.

사회 구조적인 차원에서 담배와 알코올 등에 접근할 수 없도록 근본적인 차단책을 강화하는 것이 중요하다는 전문가들의 의견에 동의할 수 밖에 없습니다. 학교 현장에서 10년 이상의 세월 동안 지켜본 바, 학생 흡연과 음주는 난이도 최상의 풀기 힘든 난제임에 틀림없습니다.

오늘도
씹으셨나요?

·

·

·

'씹는다'는 행위는 매우 중요합니다. 고기도 씹어야 맛이고 하루 세끼 맛난 밥도 씹어야 하고, 직장 상사도 씹어야 하며 듣기 싫은 주변의 잔소리도 못 들은 척 씹어야 합니다. 그중 이로 음식물을 씹는 저작咀嚼 활동은 소화의 첫 단계로써 입 안의 음식물을 이로 잘게 부수고 갈아 뭉개는 과정입니다. 씹으면 씹을수록 음식은 연해지고 부드러워지며 따뜻해집니다. 씹는 과정을 거친 뒤에야 비로소 음식은 삼켜지게 되어 위장과 소장 등을 거쳐 소화됩니다.

이런 저작활동에 중요한 건강의 비밀이 숨겨져 있었습니다. 씹는 행위는 단순히 소화의 첫 단계에 그치는 것이 아니라 위장병을 예방하고 영양소 흡수를 도우며 비만예방에도 효과를 발휘합니다.

위장병 예방

아시다시피 침에는 아밀라아제라는 소화효소가 들어있는데요, 아밀라아제는 음식물의 전분을 당으로 분해하는 역할을 합니다. 그러니 여유 있게 천천히 씹을수록 침과 잘 섞이며 소화가 촉진되는 것이죠. 또한 아밀라아제는 약알칼리 성분이기 때문에 위와 십이지장의 산성도를 적정한 수준으로 유지하는 역할도 합니다.

따라서 위에서 분비되는 산성도가 높은 위산을 중화시켜 위궤양, 위염의 유발을 억제하는 데 기여를 합니다. 식사시간이 15분 이내로 짧은 사람은 15분 이상 여유 있게 먹는 사람에 비해 위염에 걸릴 확률이 1.9배 더 높다는 연구도 있습니다.

비만예방

오래 씹을수록 과식을 피하게 될 확률이 높다는 사실을 알고 계셨나요? 비만인 사람들의 습관 중 하나가 밥을 빨리 먹는다는 것입니다. 배부름을 느끼는 포만감은 식사 20~30분이 지나서야 뇌로 전달된다고 합니다. 따라서 급하게 욱여넣는 짧은 식사시간은 몸이 필요로 하는 것보다 지나치게 많은 양을 섭취하게 만들어 칼로리 과잉상태에 이르게 되는 것입니다. 천천히 식사하는 사람은 빨리 먹는 사람에 비해 과체중이 될 확률이 절반에도 못미친다고 합니다.

스트레스 해소

마치 빨리 먹기 대회하듯 밥을 밀어넣는 사람과 식사해보신 경험이 있나요? 그것도 단 둘이 앉아 식사를 하는데 상대방은 이미 식사를 끝내고 휴대폰을 만지작 거리고 있다면요? 배려 없는 파트너의 식사 속도를 따라가지 못해 한 끼 식사를 힘겹게 해치운 즐겁지 못한 경험이 있으실 겁니다. 좋아하는 반찬이 나왔지만 맛이 어떤지, 국이 짠지, 싱거운지 느낄 여유조차 없습니다. 이런 사실을 보면 같이 식사하는 파트너가 누구인지도 중요한 것 같습니다.

천천히 여유 있게 씹으며 식사하는 것은 신체뿐만 아니라 정신건강에도 분명 긍정적 영향을 미칩니다. 즐겁게 대화를 나누고 음식 고유의 맛을 느끼며 먹는 행위 자체를 즐기는 것입니다. 연구에 의하면 씹는 행위 자체가 스트레스 호르몬인 코르티솔 수치를 낮춘다고 합니다. 자, 그러니 씹는 것이 스트레스를 푸는 방법 중 하나임에 틀림없습니다.

과유불급! 너무 많은 사람을 씹으면 나의 평판에 무리가 갈 수 있으니까요. 다만 우리에게 씹힌 그 누군가의 태도가 연해지고 부드러워지며 더 나아가 따뜻해지기를 바라봅니다.

급식을 먹다가 젓가락을 떨어뜨리면?

학교는 참으로 다양한 아이들이 어울려 지내고 있는 미래사회의 축소판입니다. 비슷한 상황에서도 다양하게 반응하는 학생들의 행동을 목격하게 되는데요, 같은 일이 생겨도 이에 따른 아이들의 대응방법은 제각각이더군요.

제가 근무하는 학교는 급식실이 따로 있어서 점심시간이면 선생님들이 학생들의 급식 줄 세우기, 자리 배정해주기, 안전 및 질서 지도 등을 합니다. 그날 마침 제가 급식지도를 하던 때였습니다. 그런데 갑자기 한 아이가 잔반 처리대에 식판을 던지듯 뒤집어 놓고는 씩씩대며 나가버리는 것이었습니다. 황당하고 궁금해서 주위에 앉아있던 아이들에게 물어보았습니다.

알고 보니 식사 중 실수로 젓가락이 바닥에 떨어진 것에 스스로 화가 나서 뛰쳐나간 거라고 해요. 아이들은 '쟤는 평소에도 자주 그래요'하며 대수롭지 않게 여기는 듯했습니다. 식사 중에 수저를 바닥에 떨어뜨리는 것은 그리 큰 실수는 아닙니다. 그런데 어떤 아이들에게는 식사도 마치지 않고 자리를 회피하고 싶을 만큼 스트레스로 느껴지나 봐요. 보통의 상식적인 행동이라면 젓가락을 떨어뜨리면 그냥 숟가락으로 먹든지 정 불편하면 새로 젓가락을 받아 올 텐데 말이죠.

이처럼 미성숙한 방어기제는 '그럴 수도 있는' 상황에서도 여지없이 우리를 스트레스에 빠뜨리고, 부드럽게 넘어갈 수 있는 작은 일도 큰 걸림돌처럼 느껴지게 합니다. 그러나 다행인 것은 유년기 시절에 나타난 미성숙한 방어기제들이 나이가 들면서 사라지는 경우가 많다는 것인데요, 이러한 과정은 나이가 더 들어 노년이 될 때 까지도 계속 진행된다고 합니다.

연구에 따르면 사람에 따라 70세가 훌쩍 넘어서야 성숙한 방어기제가 완성되는 경우도 있다고 합니다. 예를 들어 학창 시절 그야말로 구제불능이었던 사고뭉치가 세월이 흐르고 나이가 들면 성숙한 인간으로 거듭날 수 있다는 말입니다. 식판을 거칠게 다루던 그 아이도 세월의 도움을 받아 다정 다감한 아빠로 성숙해가기를 기대해봅니다.

계절성 우울증

가을이 깊어지고 겨울철이 되면 우울감과 무기력을 호소하는 분들이 적지 않습니다. '가을 탄다'라는 다른 표현을 사용하기도 하는데요, 호르몬의 불균형으로 인한 것으로 그 기전이 일맥상통하죠. 혹은 장마철처럼 오랜 기간 흐린 날이 이어지는 시기에 우울감을 호소하는 사람도 있습니다.

이와 같이 일 년 중 특정한 시기에 나타나는 우울증상을 일컬어 계절성 우울증이라고 합니다. 계절성 우울증은 일조량 감소와 밀접한 관련이 있습니다. 햇빛을 쬐는 시간이 적어지면 체내에서 생성되는 비타민D 농도가 줄어들게 되고 이는 기분과 식욕, 수면 조절에 중요한 작용을 하는 세로토닌의 감소로 이어집니다. 따라서 부족해진 세로토닌의 농도로 말미암아 계절성 우울증을 유발하게 되는 것입니다. 계절성 우울증은 보통 여성이 남성보다 2배 가까이 더 많이 겪는다고 합니다. 고위도에 위치한 북유럽과 같이 일조량이 적은 지역일

수록 유병률이 높다고 합니다. 일반적인 우울증 증상인 불면증이나 식욕저하와 달리 계절성 우울증에 걸리면 평소보다 잠을 많이 자는 과다수면이 나타나기도 하며 무기력에 빠져 하루 종일 침대나 소파에 파묻혀 지내기도 합니다. 또한 탄수화물과 당분 섭취가 증가하고 과식을 해서 체중이 늘어나는 현상을 겪기도 합니다.

대처법

계절성 우울증은 특정한 계절 즉 겨울철에 최고조에 달하다가 날씨가 풀리고 일조량이 풍부해지면서 우울증 증상이 자연스럽게 완화되는 경향을 보입니다. 그러나 '시간이 해결해주겠지'라며 마냥 봄을 기다리는 것은 현명한 대처법이 아닙니다. 게다가 계절성 우울증을 방치하여 증상이 심각해지면 만성적 우울증으로 발전할 수도 있습니다. 자, 이제 계절성 우울증에 적극적으로 대처할 수 있는 방법을 몇 가지 알려드리겠습니다.

1. 가장 확실한 대처 방법은 햇빛을 충분히 쬐는 것입니다. 겨울철 간간이 해가 뜨는 날이면 과감하게 밖으로 나가 햇빛을 쬐고 신선하고 청량감 넘치는 공기를 폐 속 가득 채워 봅니다. 겨울 운동은 다른 장점도 있습니다. 같은 강도의 운동을 해도 다른 계절보다 땀도 안 나고 덜 지쳐서 쾌적하게 운동하실 수 있습니다. 장맛비가 이어지는 시기에는 햇빛을 쬐기가 불가능하겠지만 비가 소강상태일 때 우산을 받쳐 들고 집에서 살짝 떨어진 거리의 카페를 도착지점으로 삼아 걸어 보는 건 어떨까요?

2. 음식 섭취를 통한 방법입니다. 일조량 감소로 비타민D의 생성이 줄어들면 기분과 식욕, 수면 조절에 중요한 작용을 하는 세로토닌의 합성이 방해받는다고 앞서 말씀드렸습니다. 따라서 비타민D가 풍부한 연어, 굴, 달걀, 우유, 버섯과 오메가3 지방산이 풍부한 견과류와 생선을 챙겨 드시는 것이 세로토닌 수치를 유지하는 데 도움이 될 수 있습니다. 음식을 통한 섭취가 번거롭다면 1알에 1000IU 이상인 비타민D 영양제를 섭취하는 것도 추천합니다.

3. 당분 섭취를 제한해야 합니다. 설탕이 많이 든 빵, 과자, 탄산음료, 과일음료 등은 혈당을 급하게 올리고 이후 급강하시키므로 그에 따라 기분도 롤러코스터를 탄 듯 요동치게 만듭니다. 그렇지 않아도 우울한데 혈당까지 급하게 오르내리면 우울한 기분에 좋은 영향을 줄리가 없습니다. 설탕 섭취는 감정조절과 정서적 안정에 악영향을 미칠 뿐만 아니라 혈당과 체중 유지에도 전혀 도움이 되지 않습니다. 간식을 섭취할 때 제품의 성분에 있는 당분 함량을 따져보시기를 바랍니다.

4. 마지막으로 적절한 신체활동 즉 운동을 추천합니다. 운동은 항우울제 복용과 비교하여 부작용은 없고 효과는 거의 비슷하다고 합니다. 게다가 운동으로 인해 분비되는 엔도르핀은 면역력을 높이는 데에도 기여한다고 하니 더할 나위 없는 대처법 아닐까요? 가벼운 조깅이나 산책과 같은 유산소 운동이 좋겠지만 옷을 챙겨 입고 나가는 것이 귀찮으니 집에서 하는 '홈트'도 좋습니다(층간 소음은 주의하셔

야겠지요?). 심장이 쿵쾅쿵쾅 뛰도록 심박수를 올려주는 것이 목표니까요.

저 역시 날씨가 안 좋거나 운동장에 나가기 귀찮을 때 유튜브를 보며 운동을 합니다. 몇몇 '홈트' 채널을 돌려보며 운동하는데요, 건강도 챙기고 수업에 활용할 아이디어를 얻기도 하여 개인적으로 아주 유익하게 활용하고 있습니다. 역시 혼자보다는 영상 속이지만 운동 유튜버와 하는 게 덜 지루하더라고요. 참 거실에서의 운동 시 층간소음 생기지 않는 스쿼트 등의 운동을 추천합니다.

신체의 스트레스 소각장,
근육

•

•

•

근육이 스트레스를 이겨내는데 도움이 된다고 가정한 과학자들이 실험을 준비했습니다. 먼저 유전자를 조작하여 근육이 발달한 쥐를 태어나도록 한 뒤 근육 쥐들에게 강한 불빛을 쪼이고 갑작스러운 소음을 불규칙적으로 들려주는 등 인위적인 스트레스를 가했습니다. 그런데 근육 쥐들은 일반 쥐들보다 스트레스 호르몬이 훨씬 적게 나왔습니다. 대체 근육 쥐들은 어떤 이유로 스트레스에 둔감해진 것일까요?

스트레스를 걸러 주는 필터, 근육

예상하신 대로 쥐가 가진 근육이 중요한 역할을 하고 있었습니다. 근육이 스트레스로 인해 생성된 대사산물을 중화해 주는 역할을 해 주었습니다. 스트레스 대사산물인 '키누레닌'은 뇌에 도달하면 치매를 유발하기도 하는 위험물질인데 근육에 의해 그 독소가 중화된다고 합니다. 따라서 독성물질이 뇌에 미치지 못하게 되는 것입니다. 또한 근육에서 우울증 유발물질을 무력화시킴으로써 스트레스에 둔감하도록 만들어 준다고 합니다. 근육이 해로운 스트레스 인자를 걸러주는 일종의 정화기와 필터 역할을 할 수 있다는 의미입니다. 오염된 공기가 공기청정기를 통해 정화되고 독성물질이 간을 통해 해독이 되듯 스트레스 물질이 근육을 통해 걸러진다는 것이죠.

사실 유산소 운동이 스트레스 해소에 도움이 된다는 기존의 연구는 셀 수 없이 차고 넘쳐 이미 정설이 되었습니다. 근육 강화 운동과 유산소 운동을 골고루 해주는 것이 스트레스에 대한 둔감력을 높여 정신건강에 도움이 됩니다.

신체활동과 스트레스 상관관계

아동기의 활발한 신체활동은 스트레스를 견딜 수 있도록 도우며 정서적인 안정에 긍정적 영향을 미칩니다. 258명의 핀란드 초등학교 2학년 학생을 대상으로 스트레스와 신체활동 사이의 상관관계를 연구한 사례를 살펴보겠습니다. 실험에 앞서 학생들에게 만보기를 제공하여 평소 걸음수를 파악하였습니다. 그리고 실험이 시작되었고, 꽤 높은 수준의 스트레스를 주기 위해 학생들에게 일부러 풀기 어려운 수학 문제를 정해진 시간 안에 풀어야 한다고 압박하였습니다. 게다가 그것을 무작위로 여러 사람 앞에서 발표까지 해야 한다면서 스트레스 상황을 연출하였습니다.

그 결과 운동량과 스트레스 사이의 분명한 상관관계가 드러났습니다. 평소 운동량이 많은 아이(일일 걸음수가 많은 아이)들이 운동량이 적은 아이(걸음수가 적은 아이)들에 비해 스트레스 호르몬인 코르티솔 수치가 현저히 낮게 측정되었습니다. 신체활동이 많은 학생은 스트레스 상황에서 크게 동요하지 않은 것이죠.

실제로 어려운 수학 문제를 풀고 청중 앞에서 무작위로 발표를 하는 와중에도 평소 신체활동이 많은 학생은 코르티솔 상승 정도가 훨씬 낮았습니다. 이것은 신체활동이 활발한 학생이 스트레스에 대한 내성을 가진다는 강력한 증거입니다. 위에서 살펴본 근육 쥐 실험처럼 운동량이 많은 아이들이 스트레스에 둔감했으며 스트레스를 받더라도 금세 회복하는 회복탄력성이 더 뛰어났던 것입니다.

이제 자녀들에게 '놀 시간이 어딨어? 학원 가야지'라고 압박하시면 곤란합니다. 뛰어놀고 운동을 해야 정신적으로 튼튼한 아이가 되고 그러한 정서적 안정을 기반으로 성적을 올릴 수 있는 두뇌가 만들어지는 것입니다.

요즘 아이들은 어릴 때부터 경쟁과 스트레스 상황에 놓입니다. 심지어 엄마 배속에서부터 머리둘레와 다리 길이를 (체크) 비교당합니다. 탄생의 순간은 어떤가요? 작게 낳아 크게 키우자는 것이 대세인 요즘 신생아의 몸무게 조차 비교 대상이 됩니다. 걸음마를 떼고 나면 본격적인 경쟁에 들어갑니다. 어느 집 할 것 없이 한글 떼기와 영어 조기학습에 혈안이 되는 시기입니다. 모든 부분에서 경쟁과 스트레스에 노출된 안타까운 세대입니다. 경쟁으로 상처 받고 위축된 심리는 누가 어루만져주며 스트레스를 해소할 방법은 누가 알려주나요? 경쟁력있는 아이를 키우고 싶다면 더더욱 운동시키고 활발한 신체활동 시간을 보장해주어야 합니다.

학생들의 스트레스와 비만율

스트레스는 성인에 국한된 문제가 아닙니다. 어리다고 걱정과 고민이 없는 것이 아니죠. 청소년기의 학생들 역시 다양한 스트레스에 노출된 채 살아가고 있습니다. 중고생을 대상으로 설문조사를 해보았더니, 스트레스 중 가장 큰 비중을 차지하는 것은 학업이었습니다. 보건복지부의 조사에 의하면 숙제, 시험, 성적과 관련된 학업 스트레스가 국내 청소년의 스트레스 중 가장 큰 영역을 차지했습니다.

학업 스트레스가 역시나 가장 큰 문제였습니다. 그런데 흥미로운 사실 한 가지는 학업성적에 따른 비만도가 차이를 보였다는 것입니다. 학업 성적이 높은 학생은 성적이 나쁜 학생보다 비만 위험이 0.8배 낮았습니다. 학업성적으로 인한 스트레스를 많이 느끼는 청소년은 적게 느끼는 청소년보다 비만 위험이 더 높습니다. 스트레스를 해소하려고 음식을 찾는 경향이 강하기 때문입니다. 더구나 스트레스를 받는 상황에서는 더 기름지고 자극적이며 달콤한 음식의 유혹에 빠지기 쉬운 것으로 알려져 있습니다.

스트레스 상황일수록 자극적인 음식에 탐닉하는 이유를 과학적으로 접근해보면 다음과 같습니다. 먼저 매운맛을 느끼게 하는 '캡사이신'은 우리 몸의 교감신경을 자극하여 엔도르핀과 아드레날린의 분비를 촉진시키는데요, 이 호르몬이 일시적인 스트레스 해소에 효과를 발휘하는 것입니다. 입에 불이 난 듯 땀을 뻘뻘 흘려가면서도 매운 음식에 열광하는 이유가 바로 여기에 있었던 것입니다. 그러나 스트레스 상황에서 반복적으로 매운 음식을 찾게 되면 금세 그 맛에 익숙해져 버려 매운 음식을 먹어도 오히려 무기력함을 느끼는 상황이 올 수도 있다고 합니다. 그리고 자극적인 매운맛은 위장 건강에도 안 좋을 수 있으니 적절히 조절할 수 있는 지혜가 필요합니다.

그렇다면 달달한 음식이 스트레스 해소에 도움이 되는 이유는 무엇일까요? 단 맛 역시 호르몬의 분비를 촉진한다고 알려져 있습니다. 단 음식은 뇌의 쾌락 중추를 자극해 신경전달 물질이자 행복 호르몬으로 불리는 세로토닌의 분비를 불러일으킵니다. 그런데 단맛으로 세로토닌을 강제 소환하는 것은 추천할 만한 행동은 아닙니다. 단 음식으로 기분을 좋게 만들어주는 것은 일시적인 효과에 그칠 뿐만 아니라 다른 부작용이 더 크기 때문입니다.

달콤한 음식에 포함된 설탕에 의해 혈당이 급격히 상승하는 일이 반복되면 인슐린 저항성이 상승하여 당뇨의 위험이 있을 뿐만 아니라 곧이어 혈당이 급강하하여 기분이 롤러코스터를 탄 것처럼 금세 가라앉을 수 있기 때문입니다.

결국 일시적인 위로는 받을 수 있겠지만 장기적으로 보았을 때 육체적으로나 정서적으로 건강에 도움이 되지 않습니다. 그리고 또 하나의 부작용은 당은 쉽게 지방으로 변환되어 살이 찌기 쉽다는 것입니다. 우리 몸에 들어간 설탕은 지방의 형태로 전환되는 속도가 빠르니 달콤한 음식 섭취 후 에는 더 열심히 칼로리를 태우는 운동을 해야 합니다.

러너스 하이

 ·
 ·
 ·

　동양의 대표적인 미인의 이름을 딴 '양귀비 꽃'은 과연 그 이름값을 하는 치명적인 아름다움을 지니고 있습니다. 그런데 그 열매로 만든 '아편'은 더 치명적입니다. 양귀비 열매의 말린 수액으로 만드는 이 신비의 물질은 현재는 마약성 물질로 구분되어 꽃을 키우는 것 만으로 '마약류 관리에 관한 법률 위반'으로 처벌받을 수 있지만, 과거에는 설사와 기침, 불안과 고통으로부터 우리를 지켜주는 만병통치약으로 인식되던 시절도 있었다고 합니다. 의사의 처방 없이도 아편이 함유된 음료가 설사약이나 진통제로 판매되기도 했었다고 합니다. 중국에서는 아편 과자까지 있었다고 하니 얼마나 광범위하게 남용되었는지 알만합니다.

　애초에 모르핀은 수면제의 효과를 낸다는 이유로 잠의 신 '모르페우스'의 이름을 따서 명명되었습니다. 그런데 우연히 모르핀을 경구 투약하지 않고 주사로 놓았더니 진통효과가 있다는 것이 발견되었습니다. 모르핀이 수면제에서 강력한 진통제로 거듭나는 순간이었습니다. 그런데 모르핀의 효능을 맛본 환자들이 가벼운 고통에도 모르핀을 갈구하는 증상을 보이기 시작합니다. 놀라운 효과와 더불어 강력한 중독현상이 있었던 것입니다. 최근 문제가 된 '프로포폴' 중독과 유사하게도 19세기 중반 부유층을 중심으로 모르핀 중독이 만연하게 되었습니다.

모르핀은 부자들에게는 유희를 위한 '환각제'에 불과했지만 고통으로 몸부림치는 환자들이나 전쟁터에서 끔찍한 부상으로 고통받는 병사들에게는 '신의 은총'이었습니다. 전쟁영화를 보면 가슴 아픈 장면이 많이 나오는데요, 지뢰나 폭발물에 팔다리를 잃은 병사가 고통으로 몸부림칠 때 일회용 주사기로 허벅지에 푹 찔러 놓아주는 주사가 모르핀입니다. 팔다리가 잘려나갈 만큼 심각한 부상을 입고 끔찍한 통증에 몸부림치며 희망 없이 죽음을 기다리는 병사에게 모르핀 주사는 이 세상의 마지막 위로를 줍니다. 회복 가능성이 지극히 낮은 말기 암환자의 극심한 고통을 누그러뜨리는 것 또한 모르핀의 몫입니다. 특히나 알코올의 효과와 비교하면 모르핀의 위력은 더욱 놀랍다는 것을 알 수 있습니다. 알코올도 통증을 무디게 해 주지만 모르핀과 유사한 효과를 내려면 무려 수백 배나 많은 양을 마셔야만 합니다.

그런데 이런 강력한 진통효과를 내는 마법의 약이 우리의 몸속에서도 생성이 된다고 합니다. 과학자들은 이것을 내인성 모르핀(endogenous morphine)이라고 이름 붙이고 줄여서 '엔도르핀 endorphin이라고 부르게 됩니다. 그렇습니다. 여러분이 알고 계시는 그 '엔도르핀'입니다.

엔도르핀은 모르핀에 버금가는 통증 억제 효과가 있다고 유산소 운동을 하는 마라톤 선수나 사이클 선수, 수영선수, 조정선수들에 의해 증언되기도 합니다. 미국의 장거리 달리기 선수인 제임스 픽스는 그의 책 〈The complete book of running(달리기의 모든 것)〉에서 장거리를 오랜 시간 동안 달리다 보면 마치 언제까지라도 바람 같은 속도로 끝없이 달릴 수 있을 것 같은 무한한 자신감과 황홀한 느낌이 든다고 합니다. 마치 강력한 마약에 취한 듯 말이죠. 그래서 그는 이를 '러너스 하이'라고 칭했습니다.

제임스 픽스의 저서가 출간되던 1970년대는 미국에서 달리기 열풍이 일어나던 시기였고 제임스 픽스가 만들어낸 '러너스 하이'는 고유명사화되었습니다. 러너스 하이의 효과는 '기분이 좋아진다' 정도를 뛰어넘는 강력한 환희를 줍니다. 빠른 속도로 달리는 동안 뿜어져 나오는 러너스 하이는 팔이 부러졌을 때 진통을 위해 투여되는 모르핀 10mg과 효과가 같다고 합니다.

마라톤 선수나 장거리 달리기 선수가 장기간의 과도한 반복적 사용으로 인한 피로골절stress fracture이 생기는데도 불구하고 계속 달리는 현상이 발생하는 것도 러너스 하이로 설명될 수 있습니다.

피로골절이란?
피로골절이란 뼈에 대한 질환이나 외상이 없는 상태에서 지속적으로 주어지는 압박과 스트레스로 뼈에 가느다란 실금이 가는 정도의 부상을 말합니다.

유산소 운동을 통해 황홀감을 느끼는 것은 아마도 야생의 환경에서 살아가던 우리의 선조들이 남긴 유산이 아닐까 생각해봅니다. 선조들은 사냥하면서 먹잇감이 지칠 때까지 끈질기게 따라다녀야 했을 것이며 추격을 포기하지 않고 오랜 시간 신체활동을 유지해야만 결국 원하는 음식을 포획할 수 있었을 것입니다. (아직도 호주의 원주민과 아프리카 칼라하리 사막의 부시맨은 이런 사냥법을 사용합니다.) 사냥감을 포획하기까지 발목의 욱신거림과 근육통 등은 '러너스 하이'로 말미암아 극복할 수 있었겠죠.

우리는 더 이상 초원과 계곡을 누비며 사냥을 할 필요는 없지만 선조들로부터 물려받은 DNA 덕분에 러닝머신 위에서도 '러너스 하이'를 경험하게 되었습니다.

역사 속 청소년 영웅들,
무모한 도전은 없다.

·
·
·

    아무래도 청소년은 이성보다 감정이 앞서고 복잡한 판단이나 합리적 의사결정에는 성인보다 서투를 수 있습니다. 그러나 바꾸어 생각해보면 그들은 도전할 수 있는 용기가 있으며 모험이나 다소 무모한 상황에도 진취적으로 임할 수 있는 긍정적 측면의 이점을 지니고 있습니다. 생명을 위협하는 어리석은 모험이나 법을 어기는 행동을 해서는 안 되겠지만 안전이 보장된 사회적 규범의 테두리 안에서의 도전은 충분히 시도해 볼 만합니다.

    학교 스포츠 클럽에 가입하여 4강 진입을 위해 땀 흘려 준비하거나 교내 합창경연대회에 도전하는 것도 충분히 가치 있는 일입니다. 좋아하는 이성에게 자신의 마음을 고백하는 일이나 수행평가를 위해 모둠원이 협력하는 것 모두 그 나이 또래에 할 수 있는 풋풋하고 아름다운 도전의 모습이라 할 수 있겠습니다.

우리는 역사 속에서도 위대한 도전을 한 패기 넘치는 청소년 영웅들을 볼 수 있습니다. 프랑스와 영국의 백 년에 걸친 전쟁을 마무리한 잔다르크, 그녀는 10대 후반의 나이로 오랜 전쟁에 지쳐 있던 프랑스 국민의 애국심에 불을 당겨 백년전쟁에서 프랑스의 승리를 이끌어냈습니다. 잔 다르크는 프랑스 병사들에게 승리의 여신, 행운의 여신, 전투의 마스코트가 되었는데요, 잔 다르크는 흰 갑옷을 입고 병사들 앞에서 직접 전투를 지휘했고 그녀가 이끄는 프랑스 병사들은 치솟은 사기로 영국군을 무찌르기 시작했다고 합니다. 귀족이나 왕족도 아니었고, 전쟁 경험이 풍부한 것도 아니었던 어린 소녀는 용기와 겁 없는 도전으로 말미암아 세상을 바꾼 강인한 여성의 대명사가 되었습니다.

고대 이스라엘의 2대 왕인 다윗을 아십니까? 거인 골리앗을 쓰러뜨린 그 유명한 양을 치던 목동 다윗입니다. 이스라엘과 블레셋이 골짜기를 사이에 두고 대치 중일 때 블레셋의 거인 골리앗은 자신감 넘치는 목소리로 이스라엘 군대를 조롱했습니다. 기가 눌린 이스라엘군은 어느 누구 하나 나서서 골리앗을 대적하지 못했습니다. 전투가 교착상태에 빠졌고 이스라엘군의 사기는 바닥 모를 추락을 거듭하고 있었습니다. 아버지의 심부름으로 형들에게 먹을 것을 전달하던 소년 다윗은 전장에 다다랐을 때 온 골짜기에 쩌렁쩌렁 울리는 골리앗의 목소리와 공포에 휩싸인 이스라엘군을 목도하게 됩니다.

그때 누구도 상상하지 못한 일이 벌어집니다. 소년은 다소 무모하게도 돌 다섯 개를 골라 골리앗과 마주 서게 된 것입니다. 골리앗은 어린 소년의 모습에 가소로워하며 다윗을 새와 들짐승들의 먹이로 던

져줄 것이라고 큰소리쳤습니다. 골리앗의 엄포가 끝나기 무섭게 다윗의 돌팔매는 바람소리를 내며 돌아가기 시작했고 다윗의 손을 떠난 돌멩이는 골리앗의 이마에 명중했습니다. 일개 양치기에 불과했던 소년이 이스라엘의 영웅으로 거듭나는 순간이었습니다.

황산벌에서 백제의 계백장군에 맞서 싸울 때 관창의 나이가 몇 살이었을까요? 겨우 15세였습니다. 신라군이 4번 싸워 4번 다 지고 사기가 땅에 떨어지자 분위기를 반전시키기 위해 혈혈단신 적진으로 뛰어들었습니다. 그러나 겨우 15세의 관창은 아직 너무 어리고 유약했습니다. 백제군의 계백장군은 사로잡은 관창의 용맹에 감탄하여 두 번이나 그냥 풀어주었습니다. 그러나 오히려 관창은 살아 돌아옴에 부끄러움을 느끼며 다시 적진으로 들어가 공격하다 결국 계백에 의해 죽임을 당하게 됩니다. 계백은 관창의 머리를 벤 뒤 말안장에 매어 신라군 진영으로 보내게 됩니다. 이후 어린 화랑의 죽음을 본 신라군은 분노의 반격을 시작했고 백제군을 향해 맹렬히 공격하여 결국 황산벌 전투는 신라의 승리로 끝맺음됩니다.

무모해 보일 수 있는 청소년들의 패기와 당찬 도전이 역사에 큰 발자취를 남기는 원동력이 된 사례를 살펴보았습니다. 오늘날의 우리 청소년들은 말 잘 듣는 순응하는 인간으로 길러지고 있는 것 같아 안타깝습니다. 부모님의 말씀과 학원에서 제공하는 자료를 잘 받아먹고 소화시켜야 잘 닦여진 성공의 길로 갈 수 있다고 믿기 때문입니다. 우리 모두가 역사의 한 획을 긋는 영웅이 될 필요는 없습니다. 그러나 모든 사람이 안주해버리면 세상을 바꾸는 혁신도 일어나지 않습니다.

요즘 아이들 힙합 참 좋아합니다. 지난해 제가 근무하는 학교 예술제 무대에 서기 위해 예선에 참여한 힙합 팀만 10팀 이상이었습니다. 마침 제가 예선 심사위원 중 한 명이었는데요, 힙합을 잘 모르는 저도 본능적으로 비트에 고개를 끄덕이게 되더군요.

리듬에 얹어 무심한 듯 툭툭 내뱉는 랩도 매력 있지만 무대를 누비며 보이는 손짓이며 추임새가 너무나 세련되고 멋있었습니다. 과연 아이들이 열광할 만합니다. 그런데 현대 힙합의 특징 중 하나가 적나라한 가사의 표현입니다. 특히 상대방의 허물을 공개적으로 언급하여 비난하고 망신 주는 디스(disrespect의 줄임말)라고 하는 것이 있는데요, 쉽게 말해 험담을 넘어서서 대놓고 욕을 하는 것이죠. 그런데 디스라는 것이 알고 보면 연예기획사의 마케팅 전략 중 하나라고 합니다. 디스 당한 상대방이 이를 맞받아쳐 맞디스를 하며 서로 인지도를 높여주는 전략인 것이죠. 쉽게 말해 짜고 치는 고스톱이란 것이니 청소년들이 무비판적으로 받아들이지 않았으면 좋겠습니다.

요즘 학교폭력의 상당수가 SNS상에서 공격하는 글들로부터 비롯되는 경우가 있습니다. 인기 힙합 뮤지션의 디스를 무작정 따라 하는 것은 곤란한 상황을 초래할 수 있다는 사실을 이야기를 해주고 싶습니다. 우리 아이들은 몸만 컸지 생각은 아직까지 무척이나 순진하고도 여립니다. 디스 하는 아이는 생각없이 뱉어버리고 당하는 아이는 상당히 상처를 받습니다. 비난받고 야유받은 마음의 생채기는 치유하는데 상당히 오랜 시간이 걸리는 것을 여러 학생을 보며 알게 되었습니다.

아이들의 문화를 부모님들이 어느 정도는 알고 있어야 하는 이유가 여기에 있습니다. 힙합 프로그램을 보며 상대를 욕하며 갈등을 불러일으키는 장면을 아이들이 그러려니 하고 받아들이려는 순간 부모님이 중심을 잡아주셔야 합니다. '저 상황은 방송을 위한 만들어낸 갈등일 수 있어. 저런 욕은 미리 약속된 작전일 거야'라며 말이죠.

몰입을 방해하는 산통 깨는 멘트 일 수 있지만 어리석은 우리 아이들 어쭙잖게 디스 문화를 배우는 것보단 낫지 않나요? 학교폭력 업무를 오래 담당해서 그런지 걱정스러운 마음이 앞서는 것은 어쩔 수 없습니다. 건전하게 스트레스를 해소하고 사회의 불합리하고 정의롭지 못한 곳을 시원스레 고발해주는 정의로운 디스 문화가 정착되기를 기대해봅니다.

스트레스 피할 수 없다면
둔감해져라

•

•

•

코르티솔을 일컬어 흔히 스트레스 호르몬이라고 합니다. 코르티솔이 분비되면 심장은 더 격렬하고 빠르게 뛰게 됩니다. 과거의 인류들이 초원에서 사자와 같은 포식자와 마주쳤다고 가정해볼까요? 순간적으로 혈류 속의 코르티솔 수치가 솟구치고 심장박동수가 단번에 증가하기 시작할 겁니다. 단 몇 초 만에 말이죠.

이번에는 우리가 살고 있는 현재로 돌아옵니다. 여러분이 수많은 대중 앞에서 노래를 한다고 상상해볼까요? 심장이 두근거리고 식은땀이 흐르고 물을 들이켜도 입속은 금세 바짝 말라 갑니다. 온몸이 떨리니 손에 쥔 마이크도 같이 떨립니다. 누가 눈치 채지 않을까 걱정이 되니 더 떨립니다. 사자와 마주쳤을 때와 흡사한 반응이 일어납니다. 목숨을 잃을 정도로 위급한 순간은 아니지만 우리의 뇌는 현재 상황을 마치 위협 상황에 직면한 것처럼 해석합니다.

우리의 몸에 일어나는 이런 현상 들은 수백만 년 전부터 진화의 과정 속에서 학습된 생물학적 메커니즘입니다. 과학자들은 이것을 일컬어 투쟁 도피 반응(fight-flight response)이라고 합니다. 눈앞의 위기 상황에서 '맞서 싸울 것이냐 아니면 달아날 것이냐'를 즉각 정해야 하는 상당한 수준의 스트레스를 받는 것입니다.

이렇게 코르티솔 수치가 높아지면 몸과 뇌가 모두 경계 상태에 들어갑니다. 목숨을 걸고 싸우거나 혹은 달아나려고 할 때 신체는 그 어느 때 보다 최고의 운동능력과 높은 수준의 정신적 각성을 유지해야 합니다. 근육에 더욱 많은 피를 공급해야 하며 심장 근육은 더 격렬하게 뛰고 빠르게 움직여야 합니다. 이런 순간 코르티솔은 우리를 더욱 민감하게 만들어주고 집중력 또한 높여줍니다.

오늘날 상황과 대조해 볼까요? 오늘날에는 동물에게 잡아먹히거나 생명을 빼앗길 걱정을 하는 사람은 없습니다. 하지만 데드라인 전까지 보고서를 제출해야 하고 경쟁자와 실적 경쟁을 벌여야 하며 기한 내에 밀린 대출을 갚아야 합니다. 이런 스트레스는 굶주린 사자와 맞닥뜨렸을 때와 강도가 다를 뿐 똑같은 반응이 활성화됩니다.

즉 우리의 몸에서 코르티솔이 분비되는 것이죠. 강도는 낮지만 생활 중에서 코르티솔 수치가 지속적으로 분비되면 결국 우리의 몸은 서서히 망가져 가는 것입니다. 따라서 코르티솔 수치를 낮출 수 있도록 규칙적인 운동을 실천해야만 합니다.

운동이 스트레스를 낮춰준다

운동은 평상시 우리 몸의 코르티솔 수치를 낮추어 스트레스를 조절하는데 도움을 줍니다. 달리기를 예로 들어보겠습니다. 일단 달리기를 시작하면 뇌는 운동 자체를 스트레스로 인식해 코르티솔 수치가 올라갑니다. 그러나 운동이 마무리되고 나면 우리 몸은 운동 중일 때처럼 많은 에너지를 근육으로 보낼 필요가 없으므로 코르티솔 수치가 떨어지게 됩니다.

그런데 중요한 것은 달리기를 시작하기 전보다 코르티솔이 더 낮은 수치로 떨어진다는 것입니다. 게다가 규칙적으로 운동을 계속하면 운동을 할 때마다 코르티솔 수치의 상승폭은 점점 줄어들고 운동을 마무리한 뒤에 하락폭은 더 커지게 됩니다.

꾸준히 운동을 해서 코르티솔 수치를 낮춰 놓으면 일상생활에서 우리를 괴롭히는 다양한 스트레스에도 둔감해집니다. 스트레스 상황에서 코르티솔 수치의 상승폭이 점점 줄어들게 되는 것입니다. 규칙적인 운동이 스트레스 내성을 길러준 것입니다. 이처럼 운동은 우리 몸이 스트레스에 과도하게 반응하지 않고 둔감해지도록 변화시켜 줍니다.

말이 씨가 된다,
자기충족적예언

·

·

·

'말이 씨가 된다'는 속담이 있습니다. 어떤 상황을 말로 규정해버리면 그 상황이 결국 현실이 되는 경우를 두고 한 말입니다. 부모님이 어린 자녀에게 '너는 커서 훌륭한 사람이 될 거야', '너는 이겨낼 수 있어, 잘 해낼 거야'라는 말을 자주 해주면 아이들은 시나브로 이 말을 자신의 무의식 속에 차곡차곡 담게 됩니다. 그리고는 부모의 말과 기대는 주문이 되어 아이는 실제로 성공적인 삶을 살아가게 됩니다.

아이는 믿는 대로 자라나고 부모의 기대와 관심으로 성장한다는 말이 있습니다. 아이에 대한 부모의 애정 어린 관심과 사랑이 아이를 올바른 인격체로 성장시키는데 매우 중요한 밑거름이 된다는 것입니다. 반대의 경우도 있습니다. '왜 그렇게 조심성이 없고 맨날 실수를 해?, 넌 항상 불만에 차 있니?' 같은 말을 듣고 자라면 실제로 불만족스럽고 실수를 자주 하는 사람이 될 가능성이 높습니다. 이와 같이 기대나 관심이 상대에게 영향을 미치는 것을 자기 충족적 예언 (self-fulfilling prophecy)이라고 합니다. 즉 상황이 잘 풀리리라 기대하면 실제로 일이 잘 풀리고, 안 풀릴 것이라 기대하면 실제로도 상황이 꼬이는 현상 같은 것이죠. 이해를 돕기 위해 비슷한 이야기를 몇 가지 더 해보겠습니다.

피그말리온 효과(Pygmalion effect)

조각가 피그말리온은 혼신의 힘을 다해 아름다운 여인상을 조각하고, 그 여인상에 갈라테이아^{Galatea}라는 이름까지 붙입니다. 세상의 그 어떤 여성보다 빼어난 아름다움을 가진 조각상에 피그말리온은 마음을 빼앗기고 실제 여인이라 믿게 되기에 이릅니다.

그 상황을 지켜보던 미의 여신 아프로디테^{Aphrodite}는 피그말리온의 사랑에 감동하여 조각상에 생명을 불어넣어주게 되어 실제 사람이 되었다는 신화입니다. 간절히 원하고 기대하면 바라는 것을 이룰 수 있다는 피그말리온 효과(Pygmalion effect)의 기원입니다.

이 스토리는 많은 화가들의 모티브가 되어 현재 전해지는 작품만도 수십 편에 이릅니다. 결국 피그말리온과 사람이 된 갈라테이아는 아이도 낳고 행복하게 살았다고 합니다.

로젠탈 효과(Rosenthal effect)

하버드대학 교수이자 사회심리학자인 로버트 로젠탈^{Robert Rosenthal} 교수는 1964년 초등학생을 대상으로 실험을 진행했습니다. 먼저 학생들을 대상으로 사전 학습능력 검사를 실시했습니다. 그리고 실험에 참여한 25명 중 5명의 학생 명단을 담임교사에게 전달하며 넌지시 다음과 같은 메시지를 전달합니다.

"명단에 있는 5명의 학생들이 지능이 가장 높군요. 이 아이들은 실험 프

로그램이 다 끝나면 다른 학생들보다 성적이 월등히 올라갈 것으로 예상
되니까 주의 깊게 지켜봐 주세요."

메시지 전달 후 8개월간의 실험 프로그램이 진행되었고 과연 5명의 학생
들의 성적은 다른 학생들보다 월등히 향상되었습니다.

골렘 효과(Golem effect)

긍정적 기대는 성장을 돕는 밑거름이 될 수 있지만, 부정적인 기대는 아
이의 성적을 떨어뜨립니다. 부모가 아이에 대해 부정적인 기대를 갖고
있을 경우 아이의 성적이 떨어지는 것을 일컬어 골렘 효과라고 합니다.
학교에서도 특정 학생에 대한 교사의 기대 수준이 낮으면 그 학생은 그
기대에 부응하기 위해 노력을 하지 않으므로 성취도가 낮아진다는 연구
결과가 있습니다.

교사의 기대가 성적 향상을 부른다.

로젠탈 교수는 담임선생님을 상대로 인터뷰를 진행했습니다.

"선생님, 혹시 5명의 학생들을 대상으로 따로 공부를 더 시키거
나 숙제를 더 내주신 적이 있나요? 5명의 성적이 월등히 높은 이유
가 뭘까요?"

그러자 담임 선생님이 대답합니다. "저는 교수님께서 성적이 오를
것이라고 알려주신 5명의 아이들을 그저 기대와 관심을 가지고 바라
봤을 뿐입니다. 그 아이들에게만 숙제를 내거나 공부를 더 시킨 적은
없어요. 물론 그 아이들이 실수하고 못할 때도 있었지만 잘 될 거라는
기대를 계속 가졌을 뿐입니다."

그런데 이 실험에는 반전이 숨겨져 있었습니다. 로젠탈 교수가 담임 선생님에게 알려준 5명은 아이큐가 높은 상위그룹의 학생이 아니었습니다. 무작위로 뽑힌 학생에 불과했습니다. 교사가 학생들의 잠재력과 실력에 기대를 걸고 관심을 쏟았고, 그러한 기대에 부응하고자 노력한 학생들이 실제의 성취를 이루어낸 것입니다. 교사의 기대감이 학생들의 성취능력에 영향을 미칠 것이라는 가설이 실험을 통해 완벽히 확인되었던 것입니다.

자기 효능감, 나의 능력을 믿어라

학창 시절 책상 앞에 '나는 할 수 있다. 불가능은 없다, 경쟁자의 책장은 지금 이 순간도……' 같은 자기 암시의 글을 붙여 놓고 공부한 기억 있으실 텐데요, 과학적인 근거가 있는 행동이었습니다. 자신의 능력에 대한 신념과 믿음은 학업에 긍정적 영향을 미칩니다. 어떤 일을 잘 해낼 수 있다고 믿는다면 기꺼이 시도할 것이고, 할 수 없다고 판단이 서면 피하려고 할 것입니다. 학교 성적 역시 학업목표를 달성할 수 있다는 학생 개개인의 믿음이 크게 작용합니다. 실제로 여러 연구에서 능력이 있다고 스스로를 믿는 학생들은 그렇지 않은 학생들에 비해 더 높은 성적을 받은 것으로 나타났습니다.

마법의 주문, '나는 수학을 잘한다. 나는 수학을 잘한다…'

같이 근무했던 수학 선생님으로부터 들었던 이야기입니다. 수학 성적이 높은 학생, 중간 학생, 낮은 학생을 모아 매우 어려운 수학 문제를 풀게 했습니다. 그리고 문제를 풀기 전 각각의 학생들이 가진 수학에 대한 자신감 정도를 조사했습니다.

　연구결과는 흥미로웠습니다. 문제풀이 능력과 실제 점수는 큰 상관이 없었고 오히려 수학에 대한 자신감이 높은 학생이 더 좋은 성적을 얻은 것입니다. '나는 수학을 잘하는 아이야. 나는 다른 과목보다 수학 풀이가 좀 더 나아'라는 생각이 실제적인 풀이 능력보다 성적에 미치는 영향이 더 컸다는 말입니다. 무엇인가에 자신감을 가지면 그 분야에 더 열심히 하게 되고 결국 좋은 결과를 얻을 수 있다는 것입니다.

　즉 '나는 성공적으로 일을 끝낼 수 있어', '난 나의 능력을 믿어'와 같은 자기 확신이 강할수록 그러한 활동을 시도하고 계속 노력을 기울일 가능성이 크며, 자신의 능력에 대해 자신감이 없는 사람일수록 어려운 환경에서 쉽게 포기하게 된다는 것입니다.

　이처럼 자기 효능감은 과제 수행과 관련하여 긍정적 감정을 불러일으키고 보다 상위의 과제를 시도하려는 도전의식을 갖도록 합니다. 학생 마음속에서 움트는 열정은 결국 학생들의 동기와 직결되며, 자기 효능감과 시너지 효과를 일으켜 학생들의 학업성취를 이끌어 내는 것입니다.

내가 바라는 것이 현실이 된다.

자기 효능감은 실제 학생의 학업성취도를 올려주고 미래의 학업 성취도를 예측하는 가장 신뢰도 높은 변수가 됩니다. '나는 수학을 잘 하는 편이야'라고 생각하면 수학 성적이 오를 확률이 높아지고요, 같은 맥락으로 운동이나 인간관계에서도 자기 효능감은 매우 중요한 역할을 한다고 알려져 있습니다. 즉 '난 체력이 좋은 편이야', '난 친구들과 어울리는 것을 즐겨'라고 스스로의 자아상을 그리는 학생은 실제로 그런 사람이 될 가능성이 높다는 것입니다. 스스로의 모습을 규정 지으면 그대로 실제상황이 된다는 마법 같은 이야기죠.

사람은 자신에게 주어진 상황을 객관적으로 받아들이는 것이 아니라 자신이 해석한 대로 받아들이는 경향이 있습니다. 특히 아직 자아상이 확립되지 않은 어린이들과 청소년들에게서 이러한 경향이 크게 나타납니다. 우리 아이들이 받아들인 생각의 방향이 어느 쪽으로 향하는가에 따라 자신이 해석한 대로 실제 현실로 전개될 가능성이 높다는 것입니다. 스스로 해석한 방향이 어느 쪽이냐에 따라 현실은 긍정적으로 전개될 수도, 반대로 펼쳐질 수 도 있다는 사실을 기억하시기 바랍니다.

주의할 점! 지나친 기대의 말은
역효과를 부르고...

'넌 할 수 있어 왜냐하면 내 아들이니까'처럼 본인의 역량을 드러내어 이것을 아이에게 투영하여 연결시키면 곤란합니다.

아버지 혹은 어머니가 상당한 사회적 성취를 이룬 경우 2세들이 그늘에 가려 힘들어하는 경우가 상당히 많습니다. 또한 '다음 시험에서는 반에서 1등 할 수 있을 거야!', '멋진 우리 아들 다음 시험은 평균 100점 맞을 수 있을 거야!'와 같은 지나치게 비현실적인 주문도 곤란합니다.

왜냐하면 현실적으로 불가능한 기대는 아이들의 성취동기를 급격하게 떨어뜨리기 때문입니다. 대신 최선을 다하려는 자세와 태도에 관해 언급을 해주는 것이 효과적입니다. 예를 들어 '너는 최선을 다하고 노력하려는 자세가 아주 멋져', '니 안에는 너도 모르는 잠재력이 있단다. 너의 잠재력을 믿어보렴.' 정도면 좋습니다.

비록 지금은 부족한 능력이지만 자기 안에 숨겨진 힘이 있다고 믿게 되면 그것을 발현하기 위해 노력하는 모습을 보일 것입니다. 우리가 아이들에게 믿음을 주고 기대를 하는 이유는 아이가 건강하게 성장토록 하기 위함임을 잊어서는 안되겠습니다.

성적향상의 전제조건,
정서적 안정

•

•

•

뛰어난 성취를 이루고 겉으로 보았을 때 완벽에 가까운 '넘사벽' 스펙을 지닌 사람들 중 스스로 불행하다고 느끼며 심리질환을 겪는 사람도 적지 않습니다. 대기업 총수의 자녀들이 왜 마약에 손을 대고 우울증으로 자살을 하며 대중의 사랑과 엄청난 부를 거머쥔 연예인들이 유행처럼 '공황장애'로 괴로워하는 걸까요? 소위 잘 나가는 사람들이 좋은 학벌을 가지기 위해, 스펙을 쌓고 높은 지위로 올라서기 위해 앞만 보고 달려가기 때문에 사소하지만 중요한 것을 놓치고 있었다는 것입니다.

저는 그 원인을 '정서적 안정'의 부재에서 비롯되었다고 말하고 싶습니다. 우리 아이들이 정서적으로 안정된 튼실한 내적 기둥을 단단히 세울 수 있도록 도와주어야 합니다. 우리 아이들의 정서적 안정이 얼마나 결핍되어 있는지를 다른 나라와 비교한 통계에서 한국은

22개국 중 19위를 기록했습니다. 연구진은 행복감을 두 가지 방법으로 측정하였는데요, 하나는 6문항으로 구성된 아동의 주관적 행복감 척도[SWBS]이고, 다른 하나는 1문항으로 구성된 전반적 만족감 척도[OLS]였습니다.

> **아동의 행복감을 설명하는 요인**
>
> 돈에 대한 만족도
> 시간 사용에 대한 만족도
> 학습에 대한 만족도
> 관계에 대한 만족도
> 안전한 환경에 대한 만족도
> 자기 자신에 대한 만족도

연구진은 아동의 행복감을 설명하는 요인으로 위의 6가지 변수를 설정했는데요, 아동 행복에 영향을 미치는 '약한 요인'들은 돈에 대한 만족이었습니다. 역시 아이들은 아직 '돈'에 대한 집착은 별로 없는 때가 덜 탄 존재들 인가 봅니다.

그렇다면 아동의 전반적 행복에 중요한 영향을 미치는 요인은 무엇일까요? 연구진은 자기 자신, 시간 사용, 관계에 대한 만족이라고 설명했습니다. 물질적인 풍요로움은 넘쳐나지만 놀 시간이 부족하며 부모와 자녀 간의 정서적 소통이 제대로 이루어지지 않는다고 해석할 수 있습니다.

학교에 근무를 하면서 최근 들어 해외로 여행을 가는 학생들이 과거와는 비교할 수 없을 정도로 많아진 사실을 알게 되었습니다. 해외

여행 자체를 평가절하하는 것은 아니지만 자녀에게 평소에 못해주던 것을 몰아서 한 번에 만회하려는 것은 소통과 정서적 교류에 도움이 되지 못한다는 것을 말씀드리고 싶습니다.

자주 오는 기회가 아니기에 하나라도 더 보여주고 싶은 마음은 같은 부모로서 이해합니다. 그러나 인증 사진을 찍으러 바쁘게 일정을 소화하는 성과주의적인 여행을 과연 자녀들이 좋아할까요?

부모님들은 아이들이 더 많은 것을 갖고 더 많은 것을 누리게 되면 경쟁자인 다른 집 아이보다 더 행복해질 것이라 생각하지만 정작 진정한 힘을 발휘하는 것은 큰 것 한방보다 진심 어린 공감이 담긴 대화와 정서적 교류일 수 있습니다. 정서적 소통과 공감은 대화로부터 시작되는데요, 자녀들은 부모와의 대화를 통해 자신의 마음속의 부정적 감정을 이야기하여 밖으로 꺼내기도 하고, 안정감을 느끼기도 함으로써 행복이라는 정서를 알아가는 것입니다. 이러한 정서적 안정이 있다면 자녀는 순간순간 찾아올 나쁜 정서를 스스로 이겨낼 힘을 키울 수 있습니다.

우리 삶의 궁극적 목표는 '행복'이지 않습니까? 좋은 대학을 가려는 것도, 안정적인 직장을 가지려는 것도, 이상적인 배우자를 만나 가정을 꾸리려는 것도 모두 행복을 위해서입니다. 그런데 이런 외형적 조건을 모두 갖추고도 정작 스스로 행복감을 느끼지 못하는 사람이라면 위의 스펙들이 다 무슨 소용이 있단 말입니까? 자녀의 스펙에 앞서 자녀에게 '정서적 안정'을 주는 일은 무엇보다 중요합니다.

덴마크의 휘게

휘게란? 휘게란 사랑하는 사람들과 함께 편안한 환경 속에서 따뜻한 차를 마시며 평화롭게 담소를 나누는 분위기 정도로 표현할 수 있습니다. 특별히 오감으로 느끼는 행복을 중요시합니다. 달콤한 코코아 한잔과 은은한 조명, 따뜻한 벽난로, 부드러운 옷감과 카펫, 나무 타는 향긋한 냄새…… 오감을 만족시키는 모든 것이 휘게를 만들어내는 요소들입니다. 이런 휘게 문화는 덴마크 교육 전반에도 깊게 녹아들어 있습니다. 휘게는 교육 효율이 아니라 교육의 분위기에 주목하는 것입니다.

제가 생활지도부장(지난날의 '학주'로 불리던) 업무를 맡아하던 시절, 학생과 부모님을 같은 자리에서 상담할 기회가 많았는데요, 부모님이 아이에게 건네는 말씀을 듣고 불편한 감정을 느낀 경우가 한두 번이 아니었습니다.

물론 대부분의 경우 아이가 크고 작은 사고를 쳐서 학교에 불려온 상황이니 화가 나실 만도 하지만 대화 중 아이의 자존감을 짓뭉개고 비난하는 듯한 표현이 자주 언급되었습니다. '그럼 그렇지, 이번에도 사고칠 줄 알았어', '그러니까 네가 안되는 거야', '도대체 무슨 생각으로 사는 거야'와 같은 부정적이고 비난하는 말이 그것인데요, 이런 표현은 절대 금물입니다. 아이의 자존감을 갉아먹는 무서운 표현입니다.

문제를 해결해주고자 모범답안을 제시하는 것도 피해야 할 대화 기법입니다. 연애하는 커플이 주인공으로 나오는 개그 프로그램에서 주로 웃음 포인트로 쓰이는 것이 있는데요, 남자의 의욕적인 '문제 해결본능'과 여성의 감성적인 '공감 요구'입니다.

자녀들과 대화할 때는 감성적 공감을 요구하는 여성적 측면에서 접근하는 것이 도움이 됩니다. 어떤 문제가 생겼을 때 아이가 원하는 것은 해결 방안이 아니라 '위로'와 '공감'인 경우가 더 많습니다. 자녀의 감정을 무시한 채 문제 해결에 초점을 맞춘 논리적이고 단정적인 대화는 갈등 상황을 더욱 악화시키기도 합니다. '그런 친구는 만나지 마라' 보다는 '그 친구 때문에 속상했겠다'.라는 말이 갈등 상황을 부드럽게 봉합하는 '마법의 표현법'이 될 수 있습니다. 그리고 성급하게 나서서 개입하는 것보다는 한 템포 여유를 두고 접근하는 것이 좋을 때도 있습니다.

아이들의 잠재력은 무한하고 문제에 대한 대처능력 또한 우리가 생각하는 것보다 뛰어날 때가 많습니다. 우리의 역할은 안내자 정도면 충분합니다.

모두가 열심히,
그러나 아무도 행복하지 않은 그들

　몇 년 전 중학교 2학년 담임을 하며 겪었던 일입니다. 부모님과 아이 모두 성적 향상에 관심이 많고 노력을 기울였지만 지독히도 성적이 오르지 않는 상황이었습니다. 태도가 바르고 인성도 좋아 친구들과의 관계도 원만했고, 꽤 성실하여 수행평가 점수도 관리를 잘하는 아이였죠.

　그런데 문제는 지필고사였습니다. 종이에 인쇄된 시험문제만 받아 들면 죽을 쑤는 것이었습니다. 어머님과 장시간 통화를 하며 아이 성적에 따라 가정 분위기가 좌지우지된다는 것을 알게 되었습니다. 아버님은 막 승진하셔서 '능력'을 보여주어야 할 시기인지라 일중독에 가깝게 직장생활을 하고 계셨습니다. 당장이라도 '더러운 꼴' 보기 싫어 개인 사업으로 전향하고 싶어 하시지만 매달 나가는 아이들 학원비 때문에라도 젖은 낙엽처럼 직장에 바짝 붙어있기로 하셨답니다. 어머님은 자녀의 교육에 한풀이라도 하듯 머리를 싸매고 어느 학원이 좋은지 어떤 입시 전략이 유리한지 물불 가리지 않고 정보수집을 하신답니다. 아들은 나의 분신이기에 아이의 등수가 엄마들 사이에서 당신의 위치를 가늠하는 잣대가 된다는 것이죠. 모든 것 제쳐두고 자존심 때문에라도 '공부 못하는 자식'으로 키울 수는 없다고 말씀하셨어요.

　그 아이도 허투루 시간을 보내는 날은 없습니다. 부모님이 얼마나 바쁘고 치열하게 살고 계신지 알기에 기대에 벗어나지 않기 위해 지친 몸을 이끌고 학원으로 독서실로 열심을 다합니다. 공부 잘하고 싶은 마음은 누구나 있습니다. 노력을 안 한 것도 아닙니다. 다만 부모님의 기대에 다다르기는 부족할 따름입니다. 가족 모두가 '성적 향상'이라는 목표를 위해 각자의 방향으로 달릴 뿐입니다. '조금만 더 참고 견뎌봐. 좋은 대학 가면 너 마음대로 할 수 있어'라며 자유와 행복의 유예를 강요합니다. 가족 모두가 현재의 행복은 사치로 여기는 것 같습니다.

당장의 호사로운 자유는 어렵더라도 소소한 행복과 여유로 휴식을 가진다면 성적 향상에 더 효율적일 수 있습니다.

할로박사의
아기원숭이 실험

철사 원숭이 VS 헝겊 원숭이

1950년대의 미국은 아이의 독립심을 키워준다는 논리에 따라 유아기 때부터 부모와 떨어뜨려 각자의 방에 따로 재우고 우유도 정해진 시간에만 주는 등 엄격한 육아 풍토가 유행하고 있었습니다. 그때까지만 해도 아이가 울 때마다 안아주고 달래주면 아이는 점점 더 부모에게 의지하게 되어 결국 정서적 독립과 성장에 방해가 될 것이라고 생각했다고 합니다.

그러나 1957년 미국 심리학자 해리 할로^{Harry Frederick Harlow} 박사에 의해 진행된 붉은 털 원숭이 실험은 당시 미국 사회에 커다란 반향을 불러일으켰습니다. 스킨십을 통한 접촉 위안과 심리적 안정의 중요성을 증명한 이 실험은 독립심을 강조하는 당시의 육아 풍토에 경종을 울리기에 충분했습니다.

세끼 밥이 중요한 게 아니다. 잔인한 아기원숭이 실험

할로 박사는 갓 태어난 새끼 원숭이를 어미와 분리하여 다른 우리로 옮겨 격리를 시켰는데요, 우리 안에는 우유젖병을 달아놓은 차가운 철사로 만든 원숭이 인형과 아무런 장치가 없는 부드러운 천으로 만든 헝겊 인형이 있었습니다.

새끼 원숭이의 반응은 어땠을까요? 새끼 원숭이는 부드러운 천으로 둘러싸인 헝겊 원숭이 인형에게 애정을 느끼게 됩니다. 오랜 시간 매달리고, 품에 안는 등 되도록 피부의 넓은 면적을 접촉하며 대부분의 시간을 헝겊 원숭이 인형과 보냅니다. 그러다 허기가 지면 철사로 만들어진 원숭이 인형에게 잠시 가서 우유젖병을 빨아 배고픔을 해결하고는 곧바로 헝겊 원숭이에게로 돌아왔습니다. 어떤 때에는 아예 헝겊 원숭이에게 매달린 채 목만 길게 내밀어 철사 원숭이에 설치된 우유만 먹기도 했습니다.

새끼 원숭이가 본능적으로 어미를 찾아 젖을 빠는 것은 배고픔을 해결하려는 행동인 줄 알았더니 알고 보니 엄마와의 '접촉'이 더욱 중요한 이유였던 것입니다. 결국 새끼 원숭이는 하루 중 거의 대부분의 시간을 천으로 된 원숭이에게 매달려 있었습니다.

제대로 된 인간의 조건 '놀이'

할로의 실험은 계속되었습니다. 새끼 원숭이들이 천으로 된 엄마와 대부분의 시간을 보내며 충분한 '접촉 위안'을 받았음에도 불구하고 이상행동을 보이며 정상적으로 성장하지 못한 것입니다. 이번 실험에 '놀이'라는 변인이 더해졌습니다. 아기 원숭이들은 30분간의 놀이

시간을 가졌고 몇주가 지나자 더 이상 이상행동을 보이지 않았습니다.

성장에 필요한 것은 배고픔을 해결해주는 것뿐만이 아닙니다. 따뜻함, 편안함, 온화한 느낌의 신체접촉과 같은 심리적 안정감과 사랑이 더불어 충족되어야 합니다. 게다가 제대로 '갖추어진 존재'로 성장하려면 신체적 놀이와 이를 통한 상호작용도 필요하다는 점을 우리는 알아야 합니다.

이러한 할로 박사의 실험 결과는 당시 미국에서 아기는 아기방에서 따로 재워야 하고 시간에 맞추어 우유를 주어야 한다는 엄격한 육아방식에 경종을 울리게 되었을 뿐만 아니라 생명체에게 진정한 돌봄이란 배고픔과 같은 기본적 욕구 충족에 그치는 것이 아님을 깨닫게 해주었습니다.

마음의 근육 키우기,
회복탄력성

회복탄력성이란 인생의 시련과 역경을 만났을 때 주저앉지않고 바닥을 치고 올라올 수 있는 힘, 밑바닥까지 떨어져도 꿋꿋하게 튀어 오를 수 있는 마음의 근력을 의미합니다. 골프공과 고무공이 탄성이 달라 튀어오르는 높이가 다르듯이 사람들도 탄성이 제각각입니다. 역경과 시련으로 밑바닥까지 떨어졌다가도 강한 회복탄력성으로 원래 있었던 위치보다 더 높은 곳까지 올라갈수 있는 사람이 있는가 하면 안타깝게도 힘에 부쳐 원래의 위치에도 이르지 못하는 사람도 있을 것입니다. 회복탄력성을 키우기 위한 기술 몇가지를 소개해 드리 겠습니다.

먼저 '관점바꾸기'입니다. 역경과 어려움은 누구에게나 예고없이 다가오지만 그것을 어떤 태도로 대하고 어느 관점으로 바라보느냐가 중요합니다. 떨어지는 낙엽을 아쉬워하기 보다는 다음 봄에 올라올

새순을 기다리며 희망을 품는 것이 관점바꾸기의 힘입니다. 흔히 반정도 담긴 물컵에 비유를 많이 하죠. 직면한 역경과 고난을 방해요소로 여기기보다 오히려 성장의 발판과 기회가 된다고 여기면 어떨까요? 이제는 상식같은 '위기가 곧 기회'라는 흔한 말을 다시 한번 하게 되네요.

융통성이라는 것은 회복탄력성의 가장 중요한 측면 중 하나입니다. 보통사람들은 갑작스러운 변화에 거부감을 느끼고 압도당하기도 하는 반면, 회복탄력성을 지닌 사람들은 이러한 변화를 담담히 받아들일 뿐만 아니라 성장의 기회로 삼기도 합니다. 변화가 두려운 분들에게 일상의 소소한 부분부터 바꾸어 보는 것을 추천드립니다. 카페에서 항상 아메리카노를 드셨다면 다음에는 새로운 음료를 주문해보세요. 퇴근길에 항상 이용하던 익숙한 길이 아닌 새로운 경로로 내비게이션을 맞춰보세요. 일상의 루틴을 깨는 작은 일탈들이 변화에 대한 거부감을 줄여주는 출발점이 될 수 있습니다.

제 지인 중 한 분이 몇 년 전 중식당을 개업했는데요, 새벽시장에서 신선한 재료를 꼼꼼히 챙기고 직접 요리를 하기도 하며 의욕적으로 운영했다고 합니다. 그런데 새벽 일찍 눈 뜨고 손목 염좌에 걸릴 정도로 웍을 돌리는 것보다 힘든 일이 있었다는데요, 그것은 '진상 손님 대하기'였다고 합니다. 아마도 별난 손님을 꽤나 많이 겪고 황당한 일도 많았나 봅니다.

지치고 스트레스받을 법도 하지만 그는 생각을 고쳐먹었다고 합니다. '모든 사람들의 얼굴에 웃음을 짓게 할 수는 없다'는 사실을 깨닫고는 스트레스에서 벗어난 것이죠. '손님의 불평과 불만은 식당의 발전을 위한 보약과도 같은 것이니 참고는 하되 상처는 받지 말자. 손님 10명 중 1~2명의 고객만이라도 만족한다면 그걸로 족하다'라고 생각하니 마음이 편해졌다고 합니다.

이와 비슷한 이야기가 교실에서도 심심치 않게 벌어집니다. 특히 어떤 아이들은 싫고 좋음의 표현을 가감 없이 직설적으로 표현하는 바람에 반목과 갈등이 상당한 수준에 이르기도 합니다. 잘난 척을 한다거나, 실제로 잘났다거나(공부, 외모, 집안의 재력 등으로), 선생님에게 잘 보이려 튀는 행동을 하는 아이가 있다면 밉상으로 여겨져 비호감으로 낙인찍히는 경우도 있습니다. 이때 비호감으로 찍힌 아이의 마음가짐에 따라 양상은 다르게 나타나는데요, 마음의 중심이 견고한 아이들은 당당하고 대차게 팽팽한 긴장감을 유지하며 맞섭니다.

반면에 마음이 순하고 유약한 아이들은 마치 세상이 끝난 것처럼 힘들어하기도 하고 학교생활에 어려움을 겪기도 합니다. 안타깝게도 결국 적응에 실패하고 전학을 가거나 장기결석으로 진급에 실패하는 경우도 있었습니다. 본인을 욕하는 소리를 듣거나 질투의 눈초리를 받아 힘겨워해 본 아이들에게 꼭 해주고 싶은 말이 있습니다.

어디를 가더라도 나를 싫어하거나 욕하는 사람이 있을 수도 있습니다. 그러나 그들은 내 인생에 중요한 사람이 아닙니다. 내 인생에 영향을 미칠 수 없는 사람이며 오래 볼 사람이 아니니 과감히 관계를 단절해도 아무 상관없습니다. 사실 여러분 주위에는 여러분을 욕하는 사람의 수보다 지지해주는 사람이 많지 않습니까? 그리고 각자가 자신의 삶이 바빠 남이 무얼 하든 무관심한 사람이 훨씬 더 많은 것도 사실입니다. 조금씩 나이를 먹어가며 깨닫게 될 겁니다. 남의 시선을 지나치게 의식할 필요가 없다는 것을 말이죠. **나를 욕하는 사람은 내 인생에서 중요한 사람이 아니란 것을 기억하세요.**

주변에 내편을 만들어보세요. 회복탄력성이 아무리 강한 사람이더라도 혼자서는 감당하기 힘들 때도 있습니다. 속상한 일이 있을 때 혼자 삭히기보다는 친구에게 전화를 걸거나 만나서 대화를 나누다 보면 후련하게 체증이 내려가는 경험을 해보셨을 겁니다. 아프리카 속담에 '빨리 가려면 혼자 가고 멀리 가려면 함께 가라'는 말이 있습니다. 함께 갈 수 있는 사람이 있으면 길이 멀고 험해도 이겨내기 수월한 법입니다.

망각하고 있던, 이미 내가 가진 것에 감사하는 마음을 가져보는 것도 마음을 단단히 하는데 도움이 됩니다. 사람은 본인이 현재 가진 것보다 미래에 소유하고 싶은 것에 집중하는 경향이 있습니다. 자기 객관화가 필요합니다. 제삼자의 시선으로 여러분을 바라보세요.

장담컨대 당신은 이미 많은 것을 성취해냈고 남들이 가지지 못한 것을 누리고 있습니다. 단지 당신이 눈치채지 못하고 있을 뿐이죠. 여러 연구들에 따르면 감사하는 마음을 가지는 것은 기분을 향상시키고, 행복감을 오랫동안 증진시키며, 우울증을 감소시킨다고 합니다. 이미 소유한 것과 해낸 것은 대수롭지 않게 여기며 남의 떡만 바라보고 속상해하지 마세요.

잘지내니? 내친구 새우눈

학창 시절 새우눈이란 별명을 가진 친구가 있었습니다. 축구를 하다가 작은 실수라도 하면 짓궂은 친구들이 '야, 너 눈 떴냐, 감았냐, 눈 크게 뜨고 공차'라며 놀려댔습니다. 친구는 어떻게 반응했을까요?

① 놀리는 친구의 황소 같은 눈에 주먹을 날린다.

② '작아도 빌 거 다 빈다(보인다)'하면서 두 손으로 배트맨 가면을 만들어 보여준다.

정답은 2번이었어요. 키도 작고 축구도 못하고 여드름 난 피부에 눈도 작았지만 그 친구 성격만은 참 유쾌했어요. 그런데 수년이 흘러 대학을 다니던 어느 날 라디오에서 그 친구 목소리를 듣게 되었습니다. 리포터라는 직업을 가지고 살아가고 있더라고요. 역시나 밝고 에너지 넘치는 성격이 많은 이에게 좋은 소식을 전하는 일에 도움이 된 것 같았습니다.

미국 등 여러 선진국에서는 심리적 면역력의 중요성을 이미 오래전부터 인식하고 많은 투자와 연구를 지속해오고 있습니다. 최근 유행어처럼 '자존감'이라는 단어를 넣은 책들이 쏟아지고 있습니다. 신체의 면역력이 떨어지면 컨디션이 나빠지고 감기 등 각종 질병에 쉽게 걸리게 되듯 심리적 면역력도 잘 관리해주어야 마음의 병으로부터 우리 스스로를 지킬 수 있습니다. 우리의 아이들이 진정으로 행복하기를 바란다면 조기교육이나 영어 수학보다는 **심리적 기초 체력을 튼튼하게 길러 주는 것이 더 중요하다**는 것을 기억하시기 바랍니다. 마음 근육이 단단했던 그 친구, 지금은 얼마나 성장해 있을지 궁금하네요. 보고 싶다 세윤아!

전두엽,
넌 언제클래?

'그들은 예의범절을 모르고 어른의 권위를 인정하지 않으며 나이 든 사람이 방에 들어와도 일어나지도 않는다. 공부해야 하는 곳에서 수다만 떨고 교사의 말은 듣지 않는다. 부모에게 반항하며 허풍이나 치고 음식은 걸신들린 듯 먹어치운다. 2500년 전 그리스 철학자 소크라테스가 '그들'을 가리켜 한 말입니다.

과연 그들은 누구일까요? 짐작하시듯 답은 사춘기의 한복판을 통과 중인 청소년입니다. 사대 성인 중 한 분으로 일컬어지는 소크라테스 조차도 청소년들의 무례함과 싹수없음을 보아주기가 힘들었던 모양입니다. 참을성이 없고 눈앞에 보이는 당장의 결과에 집착하여 미래를 내다보지 못하며 때로는 충동적으로 위험한 행동도 서슴치 않습니다. 한마디로 적절한 자기 통제가 결여된 구제불능의 상태입니다.

자기 통제에 어려움을 겪는 청소년들은 특정 상황에서 자신의 행동을 적절히 조절하기가 어렵기에 문제 행동이 쉽게 발생할 수 있습니다. 게임, 스마트폰 뿐만 아니라 술, 담배의 유혹에도 쉽게 넘어가며 더 나아가서는 폭력과 절도 등의 비행을 저지르는 경우도 있습니다. 게다가 규칙 준수 등에도 부정적인 영향을 미쳐 갈등 상황에 놓일 가능성이 높아집니다.

전두엽 넌 언제 클래?

청소년들이 충동적이고 자기 통제에 취약한 과학적 이유는 무엇일까요? 성장 발달 차원에서의 문제입니다. 뇌의 전두엽이 아직 '덜 커서' 그렇다는 것입니다. 갓난아기가 세월이 지나면 키가 크고 몸무게가 느는 외형적인 성장이 이루어지듯 우리의 뇌에서도 성장이 이루어집니다.

그런데 특히 청소년기는 우리 뇌, 그중에서도 편도체가 급격히 성장하는 시기라고 합니다. 조벽 교수의 표현을 빌리자면 청소년기의 뇌는 '대대적인 리모델링이 진행 중인 상태'라고 말할 수 있습니다. 공사 중인 건물 내에 들어가 보셨나요? 벽지는 뜯겨 있고 방의 출입문에 달려있어야 할 문은 분리되어 있고 먼지가 풀풀 날리는 바닥에는 온갖 자재들이 어지럽게 흩어져 있어 발 디딜 틈조차 없습니다. 청소년기의 뇌가 그렇다는 겁니다.

유아기와 아동기의 뇌는 감각정보를 받아들이는 영역은 잘 발달되어 있습니다. 조금만 춥거나 더워도, 배가 고프거나 졸려도 아이들은 금세 표현을 하지 않습니까? 생명유지를 위해 본능적으로 생존과 관련된 기관들이 자연스레 일찍부터 발달한 것이 아닐까 생각해 봅니다. 반면 논리적으로 결과를 예측하거나 합리적인 판단을 내리는 능력은 좀 뒤로 밀릴 수 밖에 없겠죠. 왜냐하면 예측과 판단 등의 합리적 의사결정을 담당하는 뇌의 전두엽은 10대 중후반이 되어서야 본격적인 성장을 시작하기 때문입니다.

따라서 청소년은 상황을 정확하게 판단하고 어떤 행동의 결과를 예측하고 그에 적절한 합리적 의사 결정을 내리는 능력이 부족할 수 밖에 없는 것입니다. 소크라테스께 이야기해드리고 싶습니다. 그들은 원래 그렇다고 말이죠.

전두엽은 규범이나 규칙을 준수하도록 돕는 역할도 합니다. 또한 공격적인 행동을 억제하고 도덕적인 기준에 부합하도록 행동을 유도합니다. 그래서 전두엽의 역할이 적절하게 수행되지 못하면 도덕적이고 사회적인 규범을 따르기 힘들어집니다. 아래의 예를 한번 보실까요?

1848년 미국 버먼트 주에서 일어났던 일입니다. 철도 공사장에서 일을 하던 피니어스 게이지라는 사람이 발파 작업을 하던 중 끔찍한 사고를 당하게 됩니다. 쇠막대가 앞머리를 관통하게 된 거죠. 사고 당시 뇌의 일부가 땅에 쏟아질 정도의 중상이었지만 그는 천만다행으로 목숨을 건졌고 금세 회복하여 일터로 복귀할 수 있었습니다.

그러나 사고 이후 그는 완전히 다른 사람이 되어버렸습니다. 예의 바르고 성실하며 책임감도 강했던 그는 사고 이후 마치 오늘만 살 것처럼 계획 없이 무모하게 살았으며 공격적이고 충동적인 성격으로 변해버렸습니다. 걸핏하면 욕설을 내뱉으며 주변 사람들과 갈등을 빚었고 도덕성과 양심이라곤 찾아보기 힘들 정도로 구제불능 망나니가 되어버렸습니다.

그가 사고 이후 왜 이렇게 상반된 성품을 가지게 되었는지 짐작이 가시나요? 사고 당시 쇠막대기에 의해 다친 부위가 바로 전두엽이었기 때문입니다. 전두엽은 사회적 규범을 준수하도록 돕고 공격적인 행동을 통제하며 도덕적인 판단을 내리는 중요한 기능을 하는 부위입니다.

청소년이 자기 통제에 어려움을 겪는 또 다른 이유는 성 호르몬 때문입니다. 특히 충동성과 공격성에 밀접한 관계를 가지는 남성 호르몬 테스토스테론 때문이죠. 사실 테스토스테론은 남성에게 많이 분비되기에 남성호르몬으로 불리고 있지만 여성에게도 일정량이 분비됩니다. 2017년 미국 캘리포니아 공대의 연구에 따르면 체내 테스토스테론의 농도와 위험행동을 감수하는 행동 사이에는 높은 상관관계가 있었습니다.

10~14세 사이의 남자 청소년을 대상으로 연구해 보았더니 테스토스테론 농도가 높을수록 충동적 선택을 할 경향이 높은 것으로 나타났습니다. 또한 다른 연구에서도 비행과 범죄에 연루된 남자 청소년들이 정상적인 남자 청소년들의 비해 체내 테스토스테론 농도가 높은 것으로 밝혀졌습니다.

재미있는 것은 전두엽이 리모델링을 마무리할 무렵, 즉 전두엽이 정상적인 활동을 시작하는 17세 전후가 되면 남자 청소년들의 체내 테스토스테론 농도가 여전히 높음에도 불구하고 그들의 문제 행동이나 비행은 감소하기 시작한다는 것입니다. 높은 테스토스테론 수치가 여전히 충동성과 공격성을 촉진하지만 정상적인 기능을 시작하는 전두엽이 그것을 제어하고 이성적인 인간으로 행동하도록 도와주는 것입니다.

중2병을 격하게 겪던 학생들이 고등학생이 되면 어느 정도 철이 들고 의젓해졌다는 소리를 듣는 이유가 여기에 있었습니다. 교직에 들어선 이후 중학교에서만 15년을 근무한 제가 다음 학교는 꼭 고등학교를 가고 싶은 이유 중 하나입니다.

유튜브에는 각종 지식이 폭발적으로 업데이트되고 있고 전국에 내로라하는 강사가 EBS를 통해 귀에 쏙쏙 박히는 강의를 전달해 줍니다. 아파트 상가 목 좋은 자리에는 학원들이 즐비하고 동네 도서관과 서점에는 관련 서적이 넘쳐납니다. 마음만 먹으며 양질의 정보와 공부 거리를 저렴한 비용과 작은 노력만으로 얼마든지 취할 수 있는 시대입니다.

자, 그렇다면 이제 '학교를 꼭 다녀야만 하는가?'라는 의문이 들지 않으세요? 제가 15년 가까이 학교에 있어본 입장에서 말씀드리겠습니다. 인간관계와 사회생활을 위한 트레이닝을 위해서라도 다녀야 합니다. 많은 분들이 착각하고 있는 것이있습니다. 학교는 공부를 하러, 즉 지식을 습득하러 가는 것이라고 학교의 역할을 한정 짓는 것입니다. 지식 습득만이 목표라면 인터넷 강의를 듣거나 학원을 다니는 것이 더 효율적일 수도 있습니다. 그러나 학교는 지식뿐만 아니라 친구, 선후배, 선생님 등과 상호작용하면서 사회적인 인간관계를 훈련하는 곳입니다. 매일 다양한 상황과 복잡 미묘하게 변화하는 환경에서 갈등을 조율하고 문제를 해결해 가는 연습을 하는 곳이죠. 각각의 개성과 색깔을 가진 개체인 너와 내가 어우러져 살아갈 수 있는 '우리'가 되어가는 과정을 체험하는 곳입니다. 더불어 규칙이나 규범을 지키는 민주시민 의식도 배우게 되죠. 청소년들의 학교 생활은 건강한 사회 구성원으로 성장할 수 있는 밑거름이 됩니다. 지식 전수를 위한 학교의 역할은 그야말로 빙산의 일각에 불과합니다.

홈포지션을
아십니까?

·

·

·

중학교 아이들에게 배드민턴은 축구, 피구와 함께 꽤나 인기 있는 종목입니다. 룰이 복잡하지 않고 용기구가 간단해서 아이들이 즐겁게 참여하고 재미있어합니다. 비교적 좁은 공간에서 박진감 넘치게 셔틀콕을 주고받으니 적당한 긴장감도 즐길 수 있습니다. 게다가 변화무쌍한 궤적을 그리는 셔틀콕을 있는 힘껏 때려 보낼 때의 쾌감도 스트레스 해소에 도움이 되지 않나 생각해봅니다.

그런데 배드민턴으로 내기를 해보신 분들은 아실 겁니다. 상대가 나에게 받기 힘든 코스로 보낼 때의 그 약오름을……. 처리하기 힘든 곳으로 오는 셔틀콕을 받아내다 보면 숨이 턱에 차고 콧등엔 땀방울이 맺히기 시작합니다. 자! 그럼 배드민턴 내기에서 이길 확률을 높일 수 있는 작은 팁을 하나 드리겠습니다. 홈 포지션을 잘 지키는 것입니다. 홈 포지션이 뭐냐고요?

홈 포지션(Home Position)

플레이어가 상대방의 반타(返打)를 기다리는 코트의 이상적인 지점. 즉 플레이어가 책임을 져야만 하는 코트면의 모든 곳에 가장 용이하게 근접할 수 있는 지점을 말한다. 타구(打球) 후에 플레이어는 이 지점에 되돌아가는 것이 바람직하다.

언뜻 이해하시기 어려우시죠? 홈 포지션은 배드민턴 경기에서 꽤 중요한 개념입니다. 경기 중 상대편의 어떠한 타구에도 곧바로 대응할 수 있는 지점을 말합니다. 상대방이 공격해오는 셔틀콕은 짧을 수도 길 수도 있습니다. 좀 더 노련한 상대를 만난다면 오른쪽, 왼쪽, 짧게, 길게 얄미울 정도로 구석으로 날려 보내겠죠? 그러니 이렇게 다양한 방향과 궤적으로 날아오는 셔틀콕을 받아내려면 상하좌우 어디에도 치우치지 않는 코트의 중앙 부분인 홈 포지션으로 재빨리 돌아가야 하는 것입니다.

홈 포지션을 굳게 지키고 밀려나지 않는 선수가 절대적으로 유리한 게임이 이 배드민턴입니다. 여러분의 마음의 홈포지션은 어디쯤에 위치하나요?

우리의 감정과 기분 상태를 배드민턴에 비교하면 홈 포지션은 아마 평상심을 유지하는 평온한 상태라고 할 수 있지 않을까요? 흥분하거나 우울하거나 화가 나도 얼른 마음을 추슬러 평상심이라는 홈 포지션으로 돌아갈 수 있으면 좋겠다는 생각을 해보았습니다. 유튜브에서 사람의 감정과 관련한 강의를 들은 적이 있습니다. 사람은 누구나 감정의 극단 즉 행복감과 우울감을 느끼는데 결국엔 감정의 폭이

제로에 수렴한다고 해요.

즉, 행복감과 우울감을 느끼는 시간이 거의 비슷하다는 말이죠. 지금 우울하다면 반드시 행복감을 느끼는 시기가 올 것이고 지금 기분이 좋은 상태라면 짜증 나는 상황에 빠질 수도 있다는 사실을 받아들이면 좋겠습니다. 특히나 사춘기 아이들은 감정의 폭이 클 수 밖에 없으니 그들 안에 있는 또 다른 자아를 스스로 잘 다독이고 어루만질 수 있도록 여유를 가지고 지켜보아주세요.

한 해에 7~8개 반을 담당하게 되면 보통 300명 가까운 학생을 만나게 됩니다. 다양한 성향을 가진 아이들과 지내다 보면 그들에 동화되어 감정의 상하 폭이 넓어지는 강제 경험을 할 때가 있습니다.

일희일비하지 않는 평온한 홈포지션에서 차분한 일상을 즐기시길 바랍니다. 특히나 우울한 감정과 증오, 미움 등이 나를 뒤흔들지라도 금방 제자리를 찾아 굳건히 홈 포지션을 지켜내길 바랍니다.

허벅지 운동입니다. '스쿼트'라고도 합니다.
10회씩 3세트로 운동합니다.

1. 다리를 어깨너비로 벌리고 두팔을 앞으로 뻗어요.
2. 엉덩이를 뒤로 빼며 무릎각도가 90도 정도가 되도록 앉
   아보세요. 앉을 때 무릎이 발가락보다 앞으로 나가지 않
   도록하세요. 그러려면 체중이 발뒤꿈치에 실리도록 하
   면 됩니다.
3. 발바닥 전체로 지면을 밀어내면서 천천히 일어납니다.

Elbow Plank

Elbow Plank (Knee)

Bent Knee Side Plank

Side Plank

Side Plank Leg Lift

Basic Plank

Plank Leg Raise

Plank Arm Reach

Side Plank
Knee Tuck (1)

Side Plank
Knee Tuck (2)

Elevated Side Plank

Ball Plank

Ball Plank Reverse

Extended Plank

Reverse Plank

움직임은 인간의 존재 이유,
달리기위해 태어난 인간

ADHD 아동이
미국의 국민 영웅이 되기까지

사람들은 운동으로 저마다 다양한 결과를 기대합니다. 몸무게를 줄이기 위해, 멋진 외모를 가꾸기 위해, 또는 우울증 치료를 위해 의사의 권유로 운동을 하는 분도 있습니다. 그런데 집중력을 높이고 싶은 분도 이제 운동을 활용해보세요. 운동은 신체를 튼튼하게 해주는 것뿐만 아니라 인지적인 영역에도 긍정적 영향을 미친다고 합니다.

의외라고 생각하는 분도 계실 텐데요, 수백만 년 전 야생의 초원에서 생활하던 우리 선조들의 삶과 관련지어 생각해보면 고개를 끄덕이게 되실 겁니다. 과거의 인류는 우리가 동네 운동장을 걷는 것과는 완전히 다른 이유로 신체활동을 했습니다. 그들에게 신체활동은 먹을 것을 사냥하고 경쟁자나 맹수의 공격으로부터 벗어나기 위한 생존의 필수 조건이었습니다. 게다가 이런 긴박한 순간에는 작은 실수도 생명과 직결되므로 정신을 바짝 차리고 집중력을 유지해야 했습니다. 느긋한 마음으로 긴장을 풀고 있다가는 아차 하는 순간 사자밥이 될 수도 있습니다.

사실 우리의 뇌는 야생에 살던 수백만 년 전 인류의 뇌에서 별로 진화하지 않았습니다. 새로운 지식과 최신의 문명, 급변하는 생활방식 속에 살아가고 있지만 우리의 뇌구조와 운동에 따른 메커니즘은 과거의 수렵채집 환경에 머물러있는 것입니다. 따라서 운동을 하면 우리의 뇌는 죽느냐 사느냐를 좌우하는 긴박한 상황으로 알고 젖 먹던 힘까지 내어 집중력을 끌어올리는 것입니다.

국가 건강정보 포털 의학정보에 따르면 주의력 결핍 과잉행동 장애(attention deficit hyperactivity disorder)란 주의 산만, 과잉행동, 충동성을 주 증상으로 보이는 정신질환의 일종이며 대개 아동기에 발병하여 만성적인 경과를 밟는 특징을 보인다고 합니다.

ADHD를 앓는 아이들은 과하게 활발하고 까다로운 기질을 가진 경우가 많습니다. 또한, 쉼 없이 계속 움직이고 자주 넘어지고 다치는 경우가 많습니다. 하지만 사람들은 대개 이런 아동의 특징들을 "철이 없다", "어릴 때 다 그렇지" 하는 식으로 대수롭지 않게 생각합니다. 그러고는 초등학교에서 단체 생활을 시작한 후에야 이런 특징들이 문제가 됨을 발견하고 주목하게 되는 경우가 대부분입니다.

ADHD는 어린 학생들에게 국한된 문제가 아니라 성장 후 성인이 되어서도 증세가 나타납니다. 대한소아청소년정신의학회에 따르면 성인 ADHD 환자는 전체 인구의 약 2~4%에 해당된다고 합니다. 정신과 의사들이 말하는 성인 ADHD 환자는 다음의 3가지 특징을 보입니다. 집중력 저하로 인한 부주의, 과잉행동, 충동성이 그것입니다.

성인 ADHD 환자들은 한 가지 일을 꾸준히 해내기 힘들다고 말합니다. 더구나 직장에서 업무수행능력이 떨어지고 부주의하여 사소한 실수를 반복하기 때문에 상사로부터 좋지 못한 평가를 받을 뿐만 아니라 동료들에게도 민폐를 끼치게 되죠.

어린 시절 학교에서 겪었던 학업에 대한 어려움을 성인이 되어서는 직장에서의 업무 부적응이라는 형태로 또다시 고통받게 되는 형국입니다. 어린 시절의 ADHD를 적기에 치료한다면 성인이 되어 사회에 적응하는데 큰 도움을 줄 수 있을 텐데요, 효과적으로 바로잡을 방법은 어떤 것이 있을까요?

ADHD, 운동으로 극복하다!

마이클 펠프스Michael Phelps, 그는 올림픽에서 금메달 23개를 포함해 모두 28개의 메달을 목에 걸어 '수영 황제'라 불리는 최고의 수영 선수입니다. 그는 불과 15살에 200M 접영에서 세계 신기록을 세웠고 이후 7번에 걸쳐 세계 신기록을 경신했습니다.

이러한 대단한 업적을 남긴 마이클 펠프스는 사실 어릴 때부터 심각한 ADHD 환자였다고 합니다. 9살에 ADHD로 진단을 받고 약을 복용하기 시작했습니다. '팔이 긴 원숭이' 같은 외모를 가졌기에 친구들로부터 놀림을 받고 학교생활에 적응하기 힘들어 고통을 겪었지만 교사인 어머니는 ADHD 치료를 위해 수영을 가르치기 시작했습니다. 놀림받던 긴 팔은 알고 보니 수영에 최적화된 신체조건 중 하나였으며, 수영으로 인한 신체활동은 마이클 펠프스의 집중력을 높여주어 ADHD를 효과적으로 극복하게 도와주었습니다. 펠프스는 잠시도 가만히 있지 못할 정도의 넘치는 에너지를 수영이라는 운동에 쏟아부어 그 누구도 상상하지 못한 결과를 만들어 냈습니다.

전문가들은 운동이 ADHD에 도움이 되는 이유로 운동을 통해 자신의 신체를 제어하고 통제하는 연습을 하기 때문이라고 말합니다. 자신의 신체를 통제하고 조절하는 경험은 수업 중 돌아다니지 않도록 스스로를 제어하는 훈련이 되며 시도 때도 없이 쏟아져 나오는 수다를 줄이는 데에도 효과를 발휘합니다.

ADHD 학생은 교실에서 어떤 모습을 보일까요?

A학생은 수업 중 잠시도 집중하지 못하고 선생님이 앞에 있건 없건 주위 친구들에게 장난을 겁니다. 친구들의 일거수일투족에 관심을 두고 주위에서 일어나는 모든 일에 참견을 하죠. 수업과 쉬는 시간의 구분은 무의미해서 수업 중 선생님의 제지에도 아랑곳하지 않고 일어나 돌아다니기 일쑤입니다. 테이프를 돌돌 말아 공을 만들어 던지고 지우개를 난도질하여 제자리를 엉망으로 만들어 놓습니다. 졸리면 교실 뒤 사물함 위에 올라가 태연하게 낮잠을 청하기도 합니다. 학기초에는 선생님과 아이들이 당황합니다만 이내 그러려니 합니다. 몇 마디 경고와 벌점으로 통제될 리 없습니다.

이러한 모습은 학교현장에서 실제로 벌어지고 있는 모습인데요, ADHD로 불리는 '주의력결핍 과잉행동장애'를 앓는 학생의 대표적인 일탈행동 중 하나입니다. 이러한 학생들은 집중력이 현저히 떨어지므로 수업내용을 따라가기가 힘들어 당연히 학업성적이 낮게 나올 수 밖에 없습니다. 더 큰 문제는 혼자 수업을 못 따라가는 것에 그치는 것이 아니고 수업 방해 행동으로 교사의 수업권과 친구들의 학습권을 동시에 훼방 놓아 대개 '문제아'로 낙인찍히는 경우가 태반이라는 것입니다.

상황이 이러하니 교우관계도 원만하지 못한 경우가 많습니다. 학교 울타리 안에서 ADHD를 겪는 학생은 여러모로 환영받기 힘들다는 것은 부정할 수 없는 사실입니다.

제 친구 중 하나가 8살짜리 외동아들을 키우고 있는데요, 이 꼬마가 얼마나 별난지 똑같은 놈이 나올까 봐 둘째 가질 마음이 안들 정도라고 합니다. 이 아이는 집안이고 학교고 어디에 가건 잠시도 가만히 있지를 못한답니다. 그나마 TV를 틀어주거나 휴대폰을 쥐여주면 있는 듯 없는 듯 조용해지기는 하지만 내내 영상기기에 빠져있게 놔둘 수는 없는 노릇 아니겠어요?

병원 진료와 약물치료까지 생각하고 있다기에 제가 수영선수 펠프스 얘기를 하며 유산소 운동을 권했습니다. TV 앞에 앉혀놓는 것보다는 낫겠다는 생각에 며칠 후 친구는 아이를 데리고 저녁 산책을 나갔습니다. 인근공원의 산책코스가 왕복 1시간이 훌쩍 넘는데 '과연 8살 아이가 해낼 수 있을까?'하는 걱정도 있었지만 아이는 생각보다 어렵지 않게 적응해주었다고 합니다. 제법 속도를 높여 걸어보아도 잘 따라오더란 겁니다. 일주일에 두세 번 하는 것을 목표로 하고 있는데 회사일이 바쁜 날엔 아들이 먼저 전화를 걸어와 오늘은 산책 안 가냐며 아쉬워할 정도라고 해요.

운동으로 아이의 넘치는 에너지를 발산하게 해 주고 적당히 체력을 소진하게 해 주었더니 밤에 잠도 잘 들고 산만했던 일상도 다소 차분해졌다는 거예요. 게다가 친구가 뿌듯해하는 것은 산책으로 한 시간 남짓 둘만의 시간을 가지니 부자간의 관계도 더욱 돈독해졌다는 것이었습니다. 약물치료나 병원 상담이 아닌 산책만으로 이렇게 좋은 결과를 가져오게 되었다니 믿어지세요? 이것이 바로 운동의 힘입니다.

무라카미 하루키는
오늘도 달린다

·

·

·

'노르웨이의 숲'(상실의 시대)으로 유명한 일본의 소설가 무라카미 하루키는 세계적인 베스트셀러 작가입니다. 그의 책은 출간될 때마다 예외 없이 대중의 뜨거운 관심을 받습니다. 명망 높은 각종 문학상은 이미 거의 섭렵했으며 수년 전부터 노벨문학상의 후보자로 거론되고 있기도 합니다. 이런 큰 성공을 거둔 이면에는 그의 노력과 꾸준함이 있었습니다. 그는 창작의 고통을 억누르며 하루도 빼놓지 않고 꾸준히 원고지 20매를 채우는데요, 전업 작가 생활을 시작한 뒤 40여 년 동안 매일 해오고 있는 일이라고 합니다.

어디에서 이런 꾸준함이 나오는 것일까요? 게다가 새로운 이야기를 끊임없이 쏟아내야 하는 창의력의 원천은 어디에 있으며 그로 인한 스트레스는 어떻게 견뎌내는 걸까요. 그의 수필집 〈달리기를 말할 때 내가 하고 싶은 이야기(What I talk about when I talk about running)〉제목을 보면 힌트를 얻을 수 있을 겁니다. 그렇습니다. 그는 매일 10km를 조깅하고 매년 마라톤 대회에 참가하는 달리기 마니아입니다.

운동이 창조적인 작업에 도움을 준다는 것을 발견한 사람은 무라카미 하루키만이 아니었습니다. 수많은 철학자, 음악가, 화가, 과학자 등이 운동으로 인한 아이디어 획득과 창의성 고양을 증언해주고 있습니다. 아인슈타인은 자전거를 타는 중 상대성이론을 발견했다고 합니다. 〈종의 기원〉을 쓴 찰스 다윈Charles Darwin은 자기 집 주변의 산책로 걷기를 즐겼는데 스스로 '생각하는 길(thinking path)'이라고 부르며 몇 시간씩이나 생각에 잠겨 걸었다고 합니다.

산책회의 합시다

페이스북의 창업자 마크 저커버그는 유능한 인재를 영입할 때 본사 뒷산을 함께 산책하며 자연스러운 대화를 통해 면접을 본다고 합니다. 걸으며 대화를 나누면 그의 생각과 태도를 더 면밀히 파악할 수 있다는 계산이 깔려 있을까요?

페이스북의 저커버그가 산책 면접을 보듯 구글과 페이스북을 비롯한 글로벌 기업에서는 산책 회의를 실행하고 있습니다. 글로벌 기업에서 산책 회의와 같은 파격을 받아들이는 것은 무슨 이유일까요? 사무실과 같은 폐쇄된 공간으로부터 벗어나게 되면 낡은 사고방식과 굳어진 생각의 틀에서 벗어날 수 있다는 믿음 때문일 것입니다. 회색 벽에 사방이 막힌 회의실보다는 탁 트인 공간에서 신체를 지속적으로 움직일 수 있는 산책 회의가 창의적인 아이디어를 떠올리기에 유리할 수 밖에 없겠죠.

그리고 산책 회의를 하면 최소한 조는 사람은 없을 것 같습니다. 게다가 부족한 운동시간을 충당하는데도 도움이 되니 일석이조겠지요? 그리고 후속된 연구에서 실내든 실외든 걷는 환경은 큰 차이가 없었다고 해요. 그러니 산책로나 야외 숲길로 나가기 힘드시면 실내 복도라도 한번 걸어 보시기 바랍니다.

톨스토이, 헤밍웨이, 찰스 다윈, 아인슈타인, 찰스 디킨스, 이 위인들은 공통점이 한 가지 있는데요, 걷기나 산책 등의 유산소 운동을 즐겨했다는 것입니다. 작가 톨스토이와 헤밍웨이는 방안을 서성이며 원고를 썼습니다. 찰스 다윈은 매일 3번씩 산책을 했습니다. 위대한 물리학자 아인슈타인도 걷기와 자전거 타기를 즐겨했다고 합니다. 그 유명한 '상대성이론'도 자전거 안장 위에서 생각해냈다고 하죠. 찰스 디킨스는 스크루지 영감이 나오는 〈크리스마스 캐럴〉을 집필하던 시절, 이야기가 막히면 런던의 밤거리 산책을 즐겼다고 하는데요, 무려 하루에 25km씩 걸었다고 합니다.

작가나 과학자는 끊임없이 새로운 것을 창안하고 아이디어를 떠올려야만 하는 숙명을 안고 사는 사람들입니다. 그들에게 운동은 선택이 아닌 필수입니다. 샘솟는 아이디어와 문학적 영감은 운동으로 말미암아 더욱 풍요로워졌다고 그들의 수많은 작품과 연구 실적이 말해주고 있습니다.

걸음을 박탈당한 아이들

우리 학생들은 아침부터 부모님이 태워주시는 차에 몸을 싣고 교문

앞에 내려서야 겨우 몇 걸음 걷기 시작합니다. 고작 교실에 이르기까지 몇 걸음이나 걸을까요? 하교한 이후에도 상황은 다르지 않습니다. 차량을 이용해 학원으로 이동하고 하물며 친구들과 여가를 보낼 때에도 피씨방에 앉아 손가락 운동만 열심히 합니다.

이렇게 우리 아이들은 일상 중에서 걸을 기회가 점점 사라지고 있습니다. 창의력을 고양시킬 수 있는 기본 조건이 박탈된 상태에서 제아무리 '창의성'을 외쳐도 그 효과에는 한계가 있을 수 밖에 없습니다. 아침시간 학교에 도착할 때까지 걸어오는 그 시간이 공부효율을 높이는 소중한 시간입니다. 차에 태워 교문까지 데려다주는 것이 아이들의 두뇌에 결코 도움되는 행동이 아니었던 것입니다.

공부에 최적화된 뇌 상태를 만들 수 있는 기회를 앗아가는 실수를 하지 마세요. 근육이 움직이고 심장이 뛸수록 아이들의 뇌는 최적화됩니다. 여전히 아침잠에 취한 채 부모님의 차에서 내리는 아이들의 그 눈빛이 아쉽습니다.

최근 교직 사회의 변화가 심상치 않습니다. 다소 보수적이고 전통을 중시하는 이미지의 교직 사회는 옛이야기가 되어가고 있습니다. 급변하는 사회에 유연하게 적응해야 할 아이들을 길러내는 학교가 옛것만을 고집하고 권위적 문화에 젖어있어서야 되겠습니까? 시나브로 진행될 탄력적이고도 혁신적인 변화가 기대됩니다.

불과 몇 해 전만 해도 학교에는 권위적이고 경직된 조직문화가 존재했었습니다. 말로만 혁신을 외치는 높은 분들이 쥐꼬리만 한 권력을 도깨비방망이인 양 허공에 마구 휘둘러대던 시기도 있었습니다. 효율보다는 형식을, 혁신보다는 안정과 관례를 따랐던 것이죠.

교직원 회의를 예로 들어보겠습니다. 매주 금요일 오후 3시 30분이 되면 꼬박꼬박 전체 교직원 회의를 했었습니다. 다룰 안건이 생기면 모여서 의견을 나누는 것이 아니라 비가 오나 눈이 오나 회의는 무조건 열렸습니다. 먼저 교장 선생님 말씀이 있었고요, 이어서 학교 메신저를 통해 이미 알고 있는 내용을 각 업무 부장이 친절하게 재차 삼차 전달해주십니다. 50여 명이 참여하는 회의에서 교장과 업무부장을 제외한 대부분의 참석자가 말 한마디 하지 않습니다. 약 40여 분의 회의 시간 중 절반 정도는 교장 선생님의 말씀을 듣고 나머지는 전달사항 듣기입니다. 의견을 나누고 합리적 결론을 도출하는 회의의 본래 기능은 없다고 보면 됩니다. 별 의미 없는 회의에 시간을 빼앗기고 싶지 않아 저마다 회의 때 가벼운 일거리를 가져와 업무를 보거나 정리를 합니다. 직원회의를 나오며 다들 이런 회의는 의미 없다며 혀를 차지만 누구 하나 문제를 제기하지 않습니다. 비생산적이고 구시대적인 행태에 건전한 비판 없이 기존 체제에 순응했던 것이죠. 사실 어느 조직이나 변화를 달가워하지 않습니다. 바꾸려면 귀찮고 불편하거든요. 새로워지기보다 안정적으로 정체되는 것을 편하게 여깁니다. 휴대폰도 최신기기로 바꾸면 익숙해지기까지 한참 동안의 적응 기간이 필요하지 않던가요?

그러나 최근 들어 교직 사회는 급변하고 있습니다. 코로나 사태로 말미암아 학생의 안전과 효율을 중시하는 문화가 자리 잡아 불필요한 형식적인 일들이 많이 줄어들었습니다. 비효율적인 회의와 모임이 대폭 간소화되었고 온라인 수업 콘텐츠 개발을 위한 촬영기기 조작과 동영상 편집기술은 교사의 필수 역량이 되었습니다. 학교의 변화와 효율적인 업무 진행은 너무나 반갑고 다행스러운 현상입니다.

허벅지의 힘, 수험생 엄마들이
아이들에게 PT를 붙이는 이유

요즘 강남 일대에서는 국·영·수 과외가 아닌 수험생 PT가 유행한다고 합니다. 1회에 수십만 원을 호가하는 레슨비를 지불해가며 개인 트레이너를 붙여 운동을 시킨다는 것인데요, '공부하기에도 바쁜데 무슨 운동까지 시킨다고 난리야?'하실 분도 있겠지만, 제 생각은 다릅니다. 강남 어머니들이 중장기적인 성적 향상 전략을 아주 잘 짜신 것 같습니다. 공부 효율을 높이는 비밀 전략이 운동에 있다는 것을 간파하고 계신 겁니다. 아이들이 운동하는 동안에는 평소보다 몇 배나 많은 혈액이 온몸을 돌게 됩니다. 이러한 작용에 의해 뇌에 산소와 영양소가 충분히 공급되어 뇌 활동이 활발해지고 인지능력이 향상되어 공부에 도움이 되는 것입니다. 이를 더욱 원활히 하기 위해서는 인간의 신체에서 가장 큰 근육 중 하나인 허벅지 근육을 운동시키는 것이 효율적입니다.

최근 연구에 의하면 허벅지 근육의 발달 정도는 당뇨병 발병률뿐만 아니라 기대 수명을 예측하는 신뢰도 높은 지표로 활용될 수 있으며 남성의 성기능과도 밀접한 상관관계를 보인다고 합니다. 또한 운동을 시작하는 초보자가 공략하기에 좋은 부위가 바로 허벅지입니다. 왜냐하면 부피가 크기에 시간 단위당 소모되는 에너지가 많고 운동 후 일정 시간 동안 덤으로 칼로리를 태워주며 부상의 위험도 적기 때문입니다.

그렇다면 공부에 도움이 되는 허벅지 운동에는 어떤 것들이 있을까요? 지금부터는 수험생들이 특별한 운동기구 없이도 책상 앞에서 할 수 있는 동작을 몇 가지 소개해 드리겠습니다. 여러 독자분들도 한 번 따라 해 보시고 자녀들에게도 알려주면 좋겠습니다. 사실 아래 운동들은 체력은 자신 있지만 재력이 부족한 제가 딸들과 함께하는 운동들입니다.

첫 번째는 의자에 앉은 자세에서 다리 들어 무릎 펴기입니다. 레그 익스텐션(Leg Extension)이라고도 하는 동작인데요, 한쪽 다리씩 들어 올려 무릎을 펴고 허벅지가 수축된 상태에서 10초를 셉니다. 양쪽 번갈아 3번씩 합니다. 근력이 붙어 견딜만해지면 시간도 늘리고 세트도 추가해 보세요.

두 번째는 무릎 사이에 주먹을 넣고 허벅지 조이기입니다. 의자에 앉은 상태에서 무릎 사이에 두 주먹을 넣습니다. 그리고는 무릎을 안쪽 방향으로 힘껏 조입니다. 10초씩 3세트 실행합니다. 주먹이 아닌 베개나 두꺼운 책을 끼워서 해도 좋은 효과를 얻을 수 있습니다.

세 번째는 스쿼트입니다. 앉았다 일어서는 간단한 동작이지만 효과는 강력합니다. 개인적으로 제가 아주 좋아하는 운동입니다. 의자를 뒤에 두고 시작하는데요, 일어선 자세에서 엉덩이가 의자에 아주 살짝 닿을 때까지만 앉습니다. 이때 중요한 포인트는 완전히 의자에 앉아버리는 게 아니라 엉덩이가 의자에 닿자마자 다시 일어서야 합

니다.

한 가지 주의할 것은 아이들의 체력 수준은 개인차가 심해서 부모님의 도움이 필요합니다. 심박수가 충분히 올라가는 수준의 운동 강도를 찾아 주셔야 해요. 이 책 169쪽의 '두근두근 심박수를 높여라'를 참고하시면 좋을 것 같은데요, 이것저것 계산이 힘들면 분당 심박수가 150회 전후가 되도록 강도를 설정하길 권합니다. 처음 며칠간은 알이 배이고 몸살이 온 것 같은 근육통을 경험할 수도 있습니다. 그러나 꾸준히만 해준다면 몇 개월 안에 몰라보게 탄탄해진 허벅지뿐만 아니라 안개 낀 듯 흐릿하던 집중력이 쨍쨍한 가을 하늘처럼 맑아지는 경험을 하게 되리라 확신합니다. 잊지 마세요. 앞서가는 엄마들은 이미 허벅지의 힘을 십분 활용하고 있다는 사실을 말이죠.

그들에게 과시와 허세가
필요한 이유

●

●

●

과시와 허세

저의 사춘기 시절을 반추해 보건대 과장을 좀 보태어 동물의 세계와 크게 다를 바 없었던 것 같습니다. 특히 남중, 남고에 다니는 남학생의 경우 여러 가지 선제적인 방어태세를 만들어 외부의 공격을 사전에 차단하기도 합니다. 과한 허풍으로 자신을 과대 포장하는 친구, 누구도 따라 하지 못하는 독창적인 욕을 그만의 억양으로 찰지게 구사하는 친구, 그리고 가장 건전한 형태라고 할 수 있는 뛰어난 운동신경으로 '언터쳐블'한 카리스마를 풍기는 친구 등 말입니다. 사실 남학생들은 운동을 '좀 하냐, 아니냐'로 학교생활에 적지 않은 영향을 받게 됩니다.

학교에 근무하며 지척에서 바라본 요즘 사춘기 아이들 역시 별다를 게 없더군요. 예전과 다르게 추가된 것이 있다면 '게임을 잘하느냐' 정도가 있겠습니다. 단언컨대 남학생이고 여학생이고 운동을 즐기고 열심히 참여하는 학생은 적어도 아이들에게 왕따를 당하는 모습은 보지 못했습니다. 괴롭힘의 대상이 되는 경우도 거의 없고 친구들 간의 갈등에 휘말리는 비율도 낮습니다. 공부는 좀 못해도, 성격이 활달하지 않아도 운동을 즐겨하면 나머지 모자란 모습이 다 덮이고도 남는 것 같습니다.

아, 한 가지 주의할 점이 있습니다. 운동을 잘하고 공부까지 잘해버리면 질투의 대상이 될 수도 있으니 이런 학생은 잘난 체하지 않는 겸손한 성격을 가지도록 노력하세요.

수사자의 갈기와 수컷 강아지의 다리 들기

초원의 제왕으로 불리는 수사자는 멋진 갈기를 가지고 있습니다. 풍성하고 짙은 갈기가 바람에 휘날리는 모습은 초원의 왕이 지닌 카리스마를 표현하기에 부족함이 없는 듯합니다. 하지만 이 멋진 갈기는 보기에는 좋을지 몰라도 활동하는 데에는 거추장스럽기만 할 뿐 별로 도움이 되지 않습니다.

그럼에도 불구하고 암컷에게 선택되기 위해, 그리고 유사시 경쟁자에게 위협적이고 강해 보이는 '센' 이미지 형성을 위해 수사자는 풍성하고 윤기 흐르는 갈기를 유지하도록 진화되어 왔던 것입니다.

사자만이 아닙니다. 강아지를 키워보신 분들은 아실 텐데요, 강아지 시절에는 암수 할 것 없이 모두 쪼그리고 앉아서 오줌을 누지만 수컷들은 성년이 되면 한쪽 발을 들어 오줌을 갈기기 시작합니다. 이러한 행동이 수컷의 본능에서 나오는 '영역표시'라는 것쯤은 누구나 알고 있지만 굳이 왜 그렇게 불편한 자세로 볼일을 보는 걸까요? 동물행동학에 의하면 그것은 조금이라도 높은 곳에 소변을 뿌리기 위한 발부림(?)이라고 합니다. 최대한 높은 곳에 체취를 남겨야 다른 개들의 그것에 덮여버리는 일 없이 오래오래 묻혀 있을 것이고 '나는 이렇게 높은 곳에 까지 체취를 묻힐 만큼 덩치가 크다'라는 메시지 또한 전달할 수 있기 때문입니다. 그래서 덩치가 크나 작으나 조금이라도 소변 줄기를 높이기 위해 다리를 한껏 치켜들었나 봅니다.

대부분의 동물에게 자기 과시와 허세는 선택의 문제가 아니라 생존과 번식을 위해 반드시 해야만 하는 필수 행동입니다. 과시하지 않는 겸손한 수컷은 암컷의 눈에 들지 못할 것이고 결국 자손을 남기지 못할 것입니다. 수사자가 폼에 불과한 갈기를 여러 불편함을 감내하면서까지 두르고 있는 것이나, 수컷 강아지들이 다리를 치켜들고 오줌을 휘갈기는 행동에는 다 그럴만한 자연의 이치가 숨겨져 있었던 겁니다.

외모와 신체적 능력은
또다른 경쟁력

또 다른 경쟁력, 외모

영화 '라이온 킹'에 그려지는 것과 달리 사실 사자 무리는 암사자가 중요한 의사결정을 내리는 모권 중심의 사회입니다. 수사자는 힘은 세지만 몸집이 크고 느려서 사냥도 서툴고 새끼 사자를 돌보는 데에도 관심이 없습니다. 그저 유사시 무리를 보호하는 '보디가드'의 역할과 종족 번식을 위한 '씨내리'(생물학적 아빠)의 역할을 할 뿐이죠.

그런 의미에서 세계적 다큐멘터리 잡지 〈내셔널 지오그래픽〉은 라이온 킹이 아닌 '라이온 퀸'이 더 정확한 표현이라고 기사를 내기도 했습니다. 암사자는 사냥과 육아를 할 뿐만 아니라 발정기가 되면 수사자를 선택하여 종족번식을 하게 되는데요, 이때 수컷의 길고 풍성하며 윤기 넘치는 검은 갈기를 보고 짝짓기 상대를 선택한다고 합니다. 더 강하고 우월한 유전자를 가진 수컷을 선택해야 태어날 새끼가 더 건강할 뿐만 아니라 보다 안정적인 환경에서 키울 수 있는 가능성이 높아지기 때문입니다.

예외 없이 대부분의 다른 동물들도 외모가 매력적이거나 우월한 신체적 조건을 가질수록 짝짓기 상대로 선택되기에 유리하고 후대에 자신의 DNA를 물려줄 가능성이 높아집니다. 동물과 인간을 대놓고 비교하는 것이 무리가 있지만 경제적 능력이나 성격을 포함해서 이성에게 호감을 느끼게 하는 조건 중 하나가 외모라는 것을 부정하기는 힘들 것 같습니다.

'Catch me if you can!'

레오나르도 디카프리오가 열연한 영화 제목입니다. 영화에 대해 이야기하려는 건 아니고요, 포식자 앞에서 신나게 스토팅(stotting)이라는 점프를 하는 가젤 이야기를 하려고 합니다. 동물의 왕국과 같은 다큐멘터리를 보면 포식자의 공격 개시가 임박한 긴장감이 흐르는 순간 가젤 무리 중 몇 마리가 마치 포식자 보란 듯 갑자기 자기 키의 몇 배나 되는 높이로 스토팅을 해댑니다. 그러자 다른 가젤들도 이에 질세라 스프링 같은 놀라운 탄력을 자랑하며 경쟁적으로 스토팅을 합니다.

과거 학자들은 '동료들에게 위험을 알리기 위한 이타적인 행동이다.' 혹은 '포식자의 주의를 끌어 스스로를 노출시킴으로써 자신의 희생을 감수하고 집단 전체의 안전을 도모하는 행동이다'라는 등의 이론을 폈습니다.

그러나 최근의 연구에 따르면 그들의 스토팅은 다른 메시지를 담

고 있었습니다. '내가 얼마나 높이 뛸 수 있는지 보라고. 난 무리 중
에서도 가장 튼튼하고 건강한 가젤이니 날 잡기는 아마 불가능할 거
야. 난 너의 사냥감으로 적합하지 않으니 나 말고 점프를 잘 못하는
약한 놈을 노리는 편이 나을 걸?' 가젤의 스토팅은 자기가 약하지도
늙지도 않았다는 것을 과장해서 나타낸 'Catch me if you can!'의 다
른 표현이었습니다.

도마뱀의 팔굽혀펴기

나이를 불문하고 남자라면 장착하고 싶은 근육 1순위, 소위 '갑빠'라
고 하는 대흉근입니다. 가슴 근육 만들기에 최적화된 운동 중 하나로
팔굽혀펴기가 있습니다. 헬스장에 가지 않더라도 아무 기구 없이 좁
은 공간에서 할 수 있는 대표적인 맨몸 운동 중 하나인데요, '한 번에
팔굽혀펴기를 몇 개 까지 할 수 있느냐' 혹은 '제대로 된 자세 - 어깨,
엉덩이, 발이 일직선이 된 자세 - 로 시범을 보일 수 있느냐'는 운동 좀
한다는 남자들 사이에서는 자존심이 걸린 꽤 중요한 운동능력의 지
표 중 하나라고 할 수 있습니다.

수영장에 입장하기 전 탈의실 구석에서, 혹은 바캉스 시즌을 앞두
고 골방에서 남몰래 팔굽혀펴기로 '갑빠'를 단련했던 추억을 가지신
분이 적지 않으리라 생각합니다. 그런데 동물의 세계에도 비슷한 사
례가 있습니다. 그 주인공은 바로 도마뱀인데요, 그중에서도 역시 수
컷들이었습니다. 자메이카의 수컷 도마뱀은 매일 아침과 저녁에 수
차례의 규칙적인 팔굽혀펴기를 통해 자신의 힘을 과시한다고 합니
다. 다른 개체들 앞에서 보란 듯 나뭇가지 위에 올라가 팔굽혀펴기를

하며 자신의 영역을 넘보지 말라는 일종의 경고를 보내는 것이죠. 도마뱀들은 물리적인 충돌이 잦지는 않지만 간혹 한 번씩 싸움이 붙으면 서로에게 치명적인 상처를 입힐 정도로 과격하게 싸운다고 합니다. 과학자들은 팔굽혀펴기를 통해 신체적 역량과 강인함을 과시하는 것이 다른 수컷과의 불필요한 충돌을 피하고 각자의 영역을 지키며 평화롭게 공존하는 데 도움이 된다고 합니다.

나이가 많으나 적으나
남자는 남자다.

　헬스장에 가면 근육으로 무장한 멋진 남자들이 열심히 운동을 합니다. 벤치프레스, 레그컬, 스쿼트 등 다양한 부위의 근육을 단련할 수 있는 많은 운동기구들이 있습니다. 그들은 경쟁적으로 무거운 숫자가 찍힌 바벨과 덤벨을 들었다 놨다를 반복합니다. 멋진 이성이라도 지나갈라 치면 동작은 더 커지고 기합소리도 보다 터프해집니다. 참으로 흥미로운 현상입니다.

　학교에서도 매우 비슷한 모습을 볼 수 있습니다. 점심시간이 되면 남학생들은 급식을 후다닥 먹어치우고는 운동장으로 향합니다. 물론 운동 자체가 좋아서 자발적으로 움직이는 것도 있겠지만 항상 운동장을 구경하는 몇몇 무리의 여학생을 의식하는 것이 제 눈에는 보입니다. 괜히 크게 손짓도 해보고 하이파이브도 평소보다 과장되어 있습니다. 패스를 주고받는 소박한 플레이는 사라지고 개인이 돋보이는 화려한 기술들이 넘쳐납니다. 저 아이들도 나이는 겨우 10대 중반이지만 테스토스테론의 지배를 받는 수컷임에 틀림없어 보입니다.

미국 비만율에 역행하는
네이퍼빌 고등학교의 기적

．
．
．

각종 질병의 시작이자 관문, 비만

지구 상의 모든 동물은 에너지원으로 당(糖)을 사용합니다. 섭취한
탄수화물이 소화 과정을 거쳐 포도당이 되고 혈액을 타고 포도당이
온몸 구석구석으로 배달되어 에너지원으로 쓰이게 되는 것입니다.

그런데 문제는 미처 다 사용되지 못하고 남는 당입니다. 남은 당은
지방으로 전환되어 피부 아래 피하지방의 형태로 차곡차곡 저장하는
것으로 진화되어 왔습니다.

지방은 1g당 열량이 9kcal로 탄수화물과 단백질의 1g 당 4kcal에
비해 두 배 이상 높으며, 단백질에 비해 비중도 낮기 때문에 저장하기
에 매우 이상적입니다. 게다가 피부 아래에 저장된 피하지방은 단열
효과를 발휘하여 추위를 견딜 수 있게 하며 외부의 충격으로부터 몸
을 보호하는 역할도 합니다. 덕분에 인류는 지난 수백만 년 동안 굶주

림과 추위에 시달리면서도 종족을 보존하며 살아남을 수 있었고 오늘날에 이르게 된 것입니다. 세월이 흘러 과학 기술과 산업의 발달 등으로 불과 100여 년 전부터 식품을 쉽게 손에 넣을 수 있게 되었고 소위 '굶어 죽을 걱정'은 하지 않고 살게 되었습니다.

그러나 아이러니하게도 더 이상 '배고픔'을 걱정하지는 않지만 이제는 과도한 칼로리 섭취를 고민해야만 하는 처지가 되었습니다. 기계의 발달과 인류 생활 방식의 변화로 육체 활동이 급격히 줄어들게 되고 섭취하는 열량이 소모하는 열량을 크게 웃돌게 되었습니다. 결국 현대 의료계 최고의 골칫거리이자 각종 질병의 방아쇠 역할을 하는 비만이 창궐하게 된 것입니다.

비만의 나라, 미국

미국은 비만율로 악명 높은 나라입니다. 비만율의 기준이 되는 BMI 지수 30 이상의 성인 인구비율을 살펴보았더니 미시시피주는 무려 39.5%였습니다. 제 눈을 의심했습니다. 다시 살펴보았습니다. 10명 중 4명이 비만이란 이야깁니다. 51개 주 중 가장 날씬한 콜로라도주조차 성인 미만율은 23%에 달합니다.

아동의 비만율도 심각한 수준입니다. 아직 성장기에 있으므로 성인만큼 비만율이 높게 측정되지는 않지만 미시시피주 같은 경우 전체 학생의 25.4%가 비만입니다. 이 수치는 1980년에 비해 여섯 배나 증가한 것입니다. 비만에 속하지는 않지만 나머지 학생 중 30%는 비만 직전의 과체중 상태라고 합니다.

우리나라의 경우 미국보다는 나은 수준입니다. 2018년의 경우 비만학생 비율은 14.4%로 미국 평균 15.3% 보다는 상황이 좋습니다. 그러나 과거 5년간의 추이를 비교해보면 이야기는 달라집니다. 2014년 11.5% 였던 비만율이 꾸준히 증가하고 있는 사실을 주목해야 합니다. 단 한해도 줄어들거나 정체하지 않고 비만율이 꾸준히 늘어나고 있는 것입니다. 비만 직전단계인 과체중(BMI지수 25~30) 비율 역시 2014년 9.7%에서 2018년 10.6%로 단 한해도 감소 없이 증가하고 있습니다.

청소년기의 건강상태는 향후 성인이 되었을 때의 건강상태를 예측하는 가장 중요한 지표 중 하나입니다. 14세 미만의 나이에 비만이면 성인이 되어서도 비만일 확률이 70%를 넘는다는 연구결과가 있습니다. 머지않은 미래에 닥쳐올 큰 문제입니다. 꾸준히 증가하고 있는 비만율을 엄중한 경고로 받아들여야 합니다.

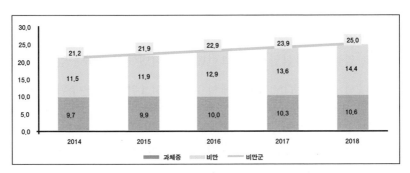

출처 : 교육부 2018 학생건강검사 표본통계

네이퍼빌 고등학교의 기적

한 학급의 학생들이 이리저리 뛰어다니며 저마다 열심히 운동을 하며 에너지를 뿜어내고 있습니다. 진지한 태도로 인공암벽을 오르는 학생, 고정식 자전거 페달을 신나게 밟는 학생과 러닝 머신 앞의 모니터를 응시하며 부지런히 걷는 학생, 또 어떤 학생은 DDR게임기 위에서 발판을 밟으며 춤을 추고 있었습니다.

이 광경은 미국의 일리노이주 네이퍼빌Naperville 고등학교의 체육수업 모습입니다. 이런 활동적인 체육수업이 위력을 발휘한 것일까요? 놀랍게도 네이퍼빌 고등학교의 학생들은 전교생의 97%가 BMI 지수에서 정상범위를 유지하고 있습니다. 미국 전체적으로 약 30%의 학생이 과체중인데 네이퍼빌의 학생들은 1/10 수준인 3%의 학생만이 과체중 상태인 것이죠. 게다가 이 학교는 체육수업을 특별히 강조하여 0교시에 모든 학생이 체육활동을 하여 뇌를 활성화시킨 상태에서 다른 수업을 듣도록 설계되어 있습니다.

그 효과는 어떨까요? 과학과 수학에 대한 국제 학력평가 시험인 TIMSS(Trends in International Mathematics and Science Study)라는 것이 있습니다. 우리나라와 싱가포르, 일본 등이 줄곧 최상위권을 휩쓸고 있는 그 시험입니다. 그런데 네이퍼빌에서 체육수업을 강화하고 나서 응시한 TIMSS시험에서 과학에서 1위, 수학은 6위로 급상승했습니다.

캘리포니아 교육청은 학생들의 체력검사와 학력성취도 평가 점수 사이의 상관관계를 알아보려고 백만명이 넘는 학생의 데이터를 분석했습니다. 분석 내용을 보면 건강한 학생들의 성적이 건강하지 못한 학생에 비해 두 배나 높게 나왔습니다.

예를 들어 체력평가에서 6점 만점을 받은 학생 28만 명을 모아 데이터를 분석해보면 수학이 전체 상위의 33%이며 읽기는 상위 55%였습니다. 크게 인상적인 기록이 아닐 수 도 있습니다. 그런데 신체검사에서 한 종목만 통과한 학생의 성적과 비교하면 이야기는 달라집니다. 그 학생들은 수학 성적이 상위 65%에 읽기는 79%에 그쳤습니다.

캘리포니아 교육청은 다음 해에도 비슷한 실험을 진행했는데요, 가정의 경제적 수준과 성적의 관계가 어떠한지를 알아보는 조사였습니다. 예상대로 소득이 높을수록 성적도 높게 나왔습니다. 그러나 저소득층 학생만을 대상으로 하면 건강한 학생의 점수가 그렇지 못한 학생보다 더 높았습니다. 이러한 통계는 경제적 수준에 관계없이 최소한 자녀의 건강상태를 돌보는 것 만으로 성적이 향상될 수 있음을 의미합니다. 아이들의 성취 수준이 높아지면 나중에 성인으로 자라나서 빈곤의 악순환을 끊을 확률이 높아진다는 것에 의미를 찾을 수 있습니다. 운동이 사회적 계층 이동의 시발점이 된다는 점에서 공평한 사회를 만들어 가는데 큰 역할을 한다고 볼 수 있습니다.

체육시간이
수학점수를 올려준다고?

체육수업이 수학 성적을 올려준다는데 어떻게 생각하세요? 학원에 보내고 과외를 붙이며 아무리 애를 써도 꿈쩍하지 않는 수학 성적 때문에 고민이라면 이 방법 한번 써보시죠. 그 비결은 아이들의 심박수를 충분히 높일 수 있는 운동시간을 주는 것입니다. 운동과 체육시간의 증가가 학습 성취와 인지능력의 발달에 긍정적인 영향을 미친다는 연구결과는 차고 넘칩니다. 운동을 해서 신체가 건강해질 뿐만 아니라 성적이 덤으로 따라옵니다. 운동이 아이들의 숨겨진 인지적 잠재력을 깨워주는 역할을 하는 것입니다. 활발하게 움직일 수 있는 시간이 정체된 수학 성적 향상의 해법이 될 수 있습니다.

체육이 뇌에 미치는 영향

좋은 성적을 받기 위해서는 어떻게 공부해야 할까요? 누구나 아는 사실은 시험에 필요한 정보를 머릿속에 넣어서 시험장에 들어가야 한다는 것입니다. 공부 스타일에 따라 꾸준히 하는 친구들도 있고 벼락치기에 능한 학생도 있습니다. 그런데 결국 중요한 것은 주어진 시간 안에 얼마나 효율적으로 집중을 하고, 내용을 이해하며, 그것을 잘 기억했는가 일 것입니다. 공부에 핵심적인 이런 일련의 과정을 위해서는 뇌를 효과적으로 잘 활용해야 하는데요, 뇌가 건강하고 효율적으로 잘 돌아가야 공부의 능률이 오르고 좋은 성적을 받을 수 있는 것입니다.

우리 아이들은 명석한 두뇌를 위해 엄마 뱃속에서부터 모차르트를 듣고 태교여행을 했습니다. 두뇌 발달에 좋다는 특정 영양소가 들어간 우유와 치즈 등은 제법 높은 가격임에도 부모님들은 순순히 지갑을 엽니다. 그런데 이런 노력보다 뇌 발달을 위한 훨씬 효율적인 방법이 있습니다. 바로 운동입니다. 뇌에는 뉴런이라는 신경세포가 시냅스를 통해 복잡하게 연결되어 있는데요, 이런 연결이 효율적으로 이루어져 있어야 정보처리를 원활하게 하고 저장된 내용을 쉽고 정확하게 떠올려 소위 공부 잘하는 똘똘한 두뇌가 되는 것입니다.

신경전달물질 중 세로토닌이라는 물질은 감정을 담당하고 있는데요, 너무 적게 분비되면 우울증이 올 수 있고 집중력과 기억력도 떨어지게 됩니다. 실제로 우울증에 걸린 사람들은 정상인에 비해 턱없이 낮은 세로토닌 수치를 보입니다. 운동을 하면 트립토판이라는 필수 아미노산이 만들어지는데요, 이 트립토판이 세로토닌의 분비를 유도합니다. 그러니 운동을 하면 기분이 좋아질 뿐만 아니라 집중력과 기억력을 향상할 수 있는 것이죠.

운동을 통한 또 하나의 혜택, 뇌유래신경영양인자^{BDNF}의 분비

앞서 운동을 하면 뇌유래신경영양인자(BDNF)가 뿜어져 나온다고 언급했습니다. 다시 한번 말씀드리자면 뇌유래신경영양인자는 줄기세포를 생성하고 신경세포가 새롭게 생겨나게 하며 생성된 세포가 죽지 않고 활성화되도록 돕습니다. 그러니 당연히 기억과 학습을 담당하고 단기 기억을 장기기억으로 넘겨주는 해마에도 긍정적인 영향을 미칩니다. 게다가 뉴런과 뉴런을 연결하는 시냅스의 형성과 성숙을 돕는 역할도 한다고 하니 굉장히 중요한 물질임에 틀림없습니다.

부모님들은 성적을 높이기 위해 주변에서 추천하는 학원에도 보내고 성적 향상에 용돈도 걸어보고 최선의 노력을 기울입니다. 그런데 마지막 카드는 아직 안 써보셨을 것입니다. 운동! 바로 운동입니다. 운동을 해주면 BDNF가 뉴런과 해마를 발달시켜 학습능력을 올릴 수 있는 기반을 마련해줍니다.

뇌와 신체는 밀접하게 연결되어있으므로 학습과 운동은 한 몸

노인분들이 관절염이나 낙상 등으로 거동을 못하고 침대생활을 하게 되면 급격히 늙고 치매에 걸릴 위험도 커진다는 것은 널리 알려진 사실입니다. 바꾸어 말하면 운동을 못하기 때문에 뇌의 뉴런과 시냅스에도 문제가 생겨 치매로 급격히 진행되는 것이므로 운동을 해주면 치매를 효과적으로 예방할 수 있는 것입니다. 뇌와 신체는 밀접하게 연관되어있으며 이 말은 학습과 운동이 한 몸이라는 뜻이 됩니다.

우리의 관절은 과사용하면 연골이 닳고, 눈도 혹사시킬수록 빨리 노안이 오지만 우리의 뇌는 놀랍게도 사용하면 할수록 발달합니다. 과거에는 성인의 뇌는 고정되어 변하지 않는다고 믿었지만 최근의 연구들에서 나이가 들어도 새로운 뉴런이 생겨나고 신경세포 간의 연결이 확장된다고 밝혀졌습니다. 하물며 우리 아이들이야 말해 무엇하겠습니까?

기왕이면 유산소

운동을 하면 신체가 건강해지는 것뿐만 아니라 뇌도 건강하게 유지할 수 있습니다. 빠르게 걷기나 가볍게 달리는 조깅, 자전거 타기, 수영 등 유산소 운동을 하는 것을 추천드립니다. 심장을 지속적으로 뛰게 만들어 뇌에 신선한 혈액을 흘려보내 뇌를 활성화하는 것이 목적입니다. 20~30분 정도의 운동을 통해 심박수를 높이는 다른 운동을 적용하는 것도 좋겠습니다.

학원가기 전, 20분 축구의 힘

업무가 밀리거나 급한 일 처리 때문에 휴일에도 학교에 출근할 일이 생기는데요, 가끔 운동장에서 공을 차는 학생들을 볼 수 있습니다. 학원 가기 전에 짬이 나서 잠시 축구를 한다고 하길래 참 대견하다는 생각을 했습니다. 학원 수업에 앞서 운동으로 심박수를 높여주면 뇌가 활성화되어 공부 효과가 월등히 높아지기 때문입니다.

이 아이들처럼 생활 중에 수시로 운동하며 뇌를 활성화시키는 데에는 그리 오랜 시간이 걸리지 않습니다. 하루 24시간 중 자는 시간을 뺀 활동 시간을 16시간 남짓이라고 보면 그중 단 1시간 정도의 운동으로 일상에 활력을 불어넣고 공부의 효율을 높여줄 수 있다는 사실을 기억하시기 바랍니다.

두근두근
심박수를 높여라

·

·

·

심박수(heart rate)는 1분 동안 심장이 뛰는 횟수를 뜻합니다. 건강한 성인의 경우 안정 시 60~90회 사이에 속하면 정상범위라고 보는데요, 운동을 하면 심박수가 증가하고 휴식을 취하면 안정 시 심박수로 되돌아오게 됩니다. 이처럼 심박수는 운동의 강도를 파악하는데 유용하게 사용되므로 운동의 강도를 해석하는 지표가 됩니다.

심박수는 심전도를 재는 기계나 스마트워치 등을 활용하여 재기도 하지만 전통적인 방법인 손으로 맥박을 느끼면서 직접 재는 방법도 있습니다. 주로 손목의 요골동맥이나 목의 목젖 양쪽 오목한 부분을 지나는 경동맥에 손을 대고 맥박을 잡습니다. 안정 시 심박수는 1분 동안 재는 것이 가장 정확하겠지만 신체가 움직이고 있는 운동 상황이라면 10초 동안만 재서 6을 곱하거나 15초 동안 재서 4를 곱하는 방식을 씁니다. 왜냐하면 측정을 위해 멈춰서는 순간 심박수는 안정시 심박수로 되돌아가기 때문입니다. 따라서 최근에는 실시간으로 잴 수 있는 스마트 기기를 많이 사용합니다.

스포츠 심장

성인의 안정 시 심박수는 60~90회 사이입니다. 그런데 꾸준한 운동을 통해 심장이 단련된 사람(특히 유산소운동 선수)의 경우 분당 심박수가 40회~50회를 기록하기도 하는데요, 이를 운동성 서맥(徐脈)이라고 합니다. 지속적인 훈련에 의해 심장벽이 두꺼워지고 튼튼해지면 한 번의 펌프질로도 많은 혈액을 뿜어 낼 수 있기 때문에 심장이 굳이 많이 뛸 필요가 없는 것이죠. '투르 드 프랑스'라는 사이클 경기에서 5회나 우승을 차지한 전설적인 사이클 선수인 미겔 인두라인^{Miguel Indurain}은 28회의 안정 시 심박수를 기록하기도 했다고 합니다. 우리가 잘 알고 있는 세계적인 마라토너 황영조 선수나 이봉주 선수는 선수 시절 분당 30~40회 정도의 안정 시 심박수를 기록했다고 합니다.

최대 심박수, 너는 얼마만큼 올라가니?

최대 심박수는 말 그대로 한 사람이 최고 강도로 운동할 때 측정되는 심박수를 말합니다. 운동을 하게 되면 온몸의 세포에 산소를 공급해야 하고 또한 이산화탄소 등의 노폐물을 받아 와서 배출해야 하므로 심장 박동이 그만큼 빨라지게 되는 것입니다. 본인의 최대 심박수를 가장 정확하게 측정하려면 병원에서 심전도기를 가슴에 붙이고 러닝머신 위를 상상 이상의 강도로 뛰어야 합니다. 호기심이 왕성한 분이라면 한번 시도해보셔도 좋겠습니다만 저는 말리고 싶습니다. 우리 신체에 최대치의 부하를 주어야 하므로 다소 위험하기도 할뿐더러 이미 간단한 계산식이 나와 있기 때문입니다. 최대 심박수 계산 공식은 다음과 같습니다.

> 최대 심박수(maximum heart rate) = 220 - 나이

아주 간단한 식이죠? 220이라는 숫자에서 자신의 나이를 뺀 값을 일반적으로 최대 심박수로 봅니다. 비록 체력의 개인차와 남녀, 인종, 계절, 당일의 컨디션 등의 변수를 고려하지 않은 맹점이 있습니다만 계산이 간단하기에 오늘날 전 세계적으로 폭넓게 애용되고 있습니다.

방금 알아본 최대 심박수는 운동을 할 때 참고로 삼는 목표 심박수를 계산하는 기준점이 됩니다. 그러면 이번에는 목표 심박수에 대해 알아볼까요?

목표심박수, 적절한 운동의 기준을 제시해 준다

> 목표심박수 = (운동 강도 %) × (최대심박수 - 안정시 심박수) + 안정시 심박수

일반적으로 적절하다고 여겨지는 운동강도는 최대심박수의 60-80% 사이입니다. 바꾸어 말하면 목표심박수를 60~80% 사이로 설정하고 운동 중 심박수를 그 범위 안에 두도록 운동하면 되는 것입니다.

예를 들어 볼까요? 안정시 심박수가 70회인 15세 청소년의 목표 심박수를 60%에서 80% 사이로 설정하여봅시다.

최대 심박수 = 220 - 15 = 205
운동 강도 60% 목표심박수 = 0.6 × (205 - 70) + 70 = 151
운동 강도 80% 목표심박수 = 0.8 × (205 - 70) + 70 = 178

따라서 심박수가 151~178 사이에 오도록 운동을 하면 심장에 무리가 가지 않으며 적당한 강도의 운동을 하게 된다는 것입니다.

운동목적에 따른 심박수

운동목적	운동강도	목표심박수
운동 선수 수준의 영역	고강도	80~100%
심폐지구력 강화	중강도	70~80%
체중감량 및 기초체력 기르기	저강도	60~70%
워밍업 수준	초저강도	50~60%

위의 표와 같이 운동 시 심박수가 높을수록 전문선수의 영역에 속합니다. 80~100%의 최대 심박수를 이끌어 내기에는 우리 학생들과 일반 부모님들은 무리가 있을 수 있으니 욕심내지 말기를 부탁드립니다. 우리가 눈여겨보아야 할 구간은 60~80에 속하는 저강도와 중강도의 영역입니다. 두 영역을 여유 있게 오가며 운동해주면 기초체

력 기르기에서 심폐지구력 강화까지 일상적인 영역의 건강 챙기기에 아주 적절한 운동효과를 얻을 수 있습니다.

안정 시 심박수가 높으면 수명이 단축된다고?

안정 시 심박수가 높으면 수명이 단축된다는 사실을 알고 계셨나요? 심장이 일을 많이 하게 되므로 과부하가 걸려 수명이 단축된다는 논리입니다. 생쥐는 분당 심박수가 240회나 되는데요, 평균 수명은 1~5년 정도에 그칩니다. 참새도 심장이 1분에 수백 회나 뛰며 평균수명은 5년 정도로 매우 짧습니다.

반면에 코끼리는 분당 심박수가 30~35회 정도이고 평균수명은 50~70년에 이릅니다. 갈라파고스 거북이는 심박수가 10회 정도로 평균수명이 무려 190년이나 됩니다. 이와 같이 주로 개체의 크기가 작을수록 심장이 빨리 뛰어서 수명이 짧고 덩치가 큰 동물일수록 반대로 심박수가 느려져 수명이 긴 경향이 있다고 합니다.

이런 이치로 따져보면 안정 시 심박수가 100인 A씨는 60회인 B씨보다 여러 건강 상의 위협에 노출될 가능성이 높다는 것입니다. 실제로 각종 통계에 의하면 안정 시 심박수가 90~100회인 사람은 분당 60회 이하인 사람에 비하여 돌연사 확률이 3배 이상 높았습니다. 심박수가 분당 5회 정도 상승하면 새로운 관상동맥질환이 발생할 가능성이 1.14% 증가했고요. 반대로 안정 시 심박수가 10회 감소하면 심혈관질환 사망 위험이 30% 가량 줄어들었습니다.

따라서 평소 심장이 빨리 뛰는 사람은 운동요법을 통해 안정 시 심박수를 낮춰주고, 불규칙한 심장박동인 부정맥을 가진 사람은 병원

진료와 약물요법을 병행하여 바로 잡아줄 필요가 있습니다. 한 가지 특이한 것은 이러한 현상은 특히 여성보다 남성에서 강한 연관성을 보인다니 참고하시기 바랍니다.

심박수 낮은 상태 유지하기

앞서 안정 시 심박수가 100회 이상이면 돌연사의 위험이 높아진다고 말씀드렸습니다. 특히나 남성분들이 더 위험한데요, 우선 술이나 카페인, 에너지 음료 등 심장 박동을 증가시키는 자극적인 요소를 피해야 합니다.

더불어 스트레스가 되는 상황을 줄이거나 대면한 스트레스를 잘 관리해주어야 합니다. 맥박수를 줄이기 위해 애쓴다기보다는 반대의 상황, 즉 맥박수가 올라가는 상황을 피하는 것이 효과적일 수 있습니다. 이 때, 꾸준한 운동이 안정 시 심박수를 효과적으로 낮춰줄 수 있습니다. 운동은 우리 몸의 신진대사를 조절하는 자율신경계의 교감 신경을 억제하고, 부교감신경을 활성화시키므로 심박수 감소와 더불어 혈압 하강 등의 효과가 있습니다. 바꾸어 말하면 운동을 하지 않으면 교감신경이 활성화되어 안정 시 심박수가 증가하고 혈압이 높아지는 등 건강에 악영향을 끼치는 결과를 초래할 수 있습니다.

내돈이 들어가야
움직일 확률이 높아진다.

심장을 튼튼하게 만들어 안정 시 심박수를 낮추는 데에는 유산소 운동이 가장 효과적이라고 전문가들은 입을 모아 이야기합니다. 대표적인 것이 걷기와 수영, 자전거 타기입니다. 그렇지만 위의 운동이 아니더라도 어떤 운동이건 무리하지 않는 범위에서 적당히 숨이 찰 정도의 강도로 해주면 좋습니다.

앞서 소개해 드린 대로 목표 심박수를 나이에 맞게 계산해서 운동에 적용하면 효과적인 체력향상을 이루어 낼 수 있습니다. 운동 중 심박수 측정이 번거롭기 때문에 저는 개인적으로 손목시계형 스마트기기를 활용합니다. 심박수가 목표한 것보다 낮으면 '더 열심히 달리라'고 멘트도 나오고 '몇 킬로미터를 달렸다, 소모된 칼로리가 얼마다'라며 쉼 없이 잔소리를 해주어 개인 트레이너가 곁에 있는 기분이 듭니다. 분명 동기부여에 도움이 될 겁니다. 내 돈이 들어가야 뭐든 열심히 한다는 진리에 가까운 생활의 법칙이 있지 않습니까? 운동화와 스마트 시계 정도야 투자할 만하지 않나요?

세계 1위
운동하지 않는 우리 아이들

•

•

•

가장 운동을 적게 하는 국가 순위

순위	국가	비율(%)
1	대한민국	94.2
2	필리핀	93.4
3	캄보디아	91.6
4	수단	90.3
5	동티모르	89.4
6	잠비아	89.3
7	호주	89
8	베네수엘라	88.8
9	뉴질랜드	88.7
10	이탈리아	88.6

[출처] 세계보건기구(WHO), (하루 1시간 미만으로 운동하는 비율)

청소년의 운동부족이 심각한 수준에 이르렀습니다. 세계보건기구WHO의 조사에 의하면 하루에 1시간 미만의 운동을 하는 학생 비율이 우리나라가 제일 높았습니다. '운동 부족'이 세계적으로 가장 심각한 지경에 이른 것입니다. 무려 94.2%의 10대 학생들(정확히는 11세에서 17세)이 하루에 단 1시간의 운동도 하지 않은 것입니다. 특히 여학생은 100명 중 97명이 신체활동이 부족한 것으로 나타났습니다. 건강유지에 필수인 신체활동을 게을리한다는 것은 문제가 아닐 수 없습니다.

운동부족은 성장기 정신건강에도 심각한 위협

성장기의 운동부족은 정신건강에도 심각한 위협이 될 수 있습니다. 미국심리학회(APA)를 비롯해 많은 정신건강 전문가와 치료사들이 우울증 치료의 한 방법으로 운동을 추천하고 있습니다. 미국심리학회에서는 걷기, 달리기, 수영, 요가, 웨이트 트레이닝 등의 운동을 추천하고 있습니다. 다양한 종류의 운동들이 우울증에 시달리는 청소년들에게 육체적 건강뿐만 아니라 정서적 해방감을 주고 튼튼한 심리적 지원이 될 것이라 주장합니다.

청소년기의 운동부족이 성인 비만으로 연결된다

성장기에 있는 청소년들에게 운동부족은 온갖 질병의 시작인 비만과 관련된다는 것에 더 큰 문제가 있습니다. 게다가 소아·청소년 시기의 비만이 성인비만으로 이어져서 당뇨, 고혈압 등 각종 성인병의 위험을 높입니다. 성인의 경우 비만이 되면 이미 있던 지방세포의 크기가 커지지만 성장기 아이들은 지방세포의 수와 크기가 모두 증가한다는 사실을 알아야 합니다.

성장기에 비만인 아이들은 어른이 되어서도 비만이 될 확률이 70%에 이르는 만큼 머지않은 미래에 부작용이 나타날 가능성이 높습니다. 우리 청소년들 건강에 빨간불이 켜졌습니다.

어떻게든 움직이게 하라 ,
아이는 부모의 거울

학교에서는 학생들의 건강과 체력 상태를 파악하기 위해 매년 팝스(PAPS)를 실시하고 있는데요, 5단계의 등급 중 4, 5등급에 해당하는 아이들은 체력 상태가 좋지 않다는 의미이므로 이 범위에 있는 학생은 국가차원에서 특별히 관리하도록 지침이 내려와 있습니다.

아침 등교와 동시에 운동장을 걷게 하거나 쉬는 시간이나 점심시간에 줄넘기 같은 운동기구를 빌려주기도 합니다. 그런데 대여율이 저조합니다. 사실 4, 5등급에 해당하는 학생들은 애초에 운동을 즐기는 성향이 아닙니다. 몸 쓰는 걸 싫어합니다. 언젠가 아침에 만보계를 나누어주고 하교할 때 체크하는 형식으로 움직임을 독려해본 적이 있는데요, 만보계를 받아갈 때의 뭣 씹은 듯한 귀여운 표정들이 생각납니다.

아이들을 움직이게 만들기 위해서는 가정에서의 협조도 중요하다는 생각이 듭니다. 아이가 '엄마 나 학교에서 팝스(PAPS) 5등급 이래'라고 한다면 먼저 부모님의 평소 생활스타일을 되돌아보셔야 합니다. 제 경험상 운동하지 않는 아이들은 운동하지 않는 부모님 밑에서 자라난 확률이 높았습니다. 부모님은 소파에 앉아 TV를 즐기면서 아이들에겐 '운동해라', '몸 좀 움직여'라고 말하는 건 누가 봐도 모순된 행동입니다. 아이들은 늘 우리의 행동을 관찰하고 흉내냅니다. 폭발적으로 어휘가 늘던 서너 살 꼬맹이 시절, 부모의 말투와 단어를 녹음기처럼 뱉어내던 아이들이었습니다. 옹알이를 벗어난 지 오래지만 아이들은 여전히 은연중에 부모의 행동과 삶의 스타일을 닮아가는 것입니다.

따라서 아이들의 건강을 위한 가장 효과적인 전략은 부모님이 본을 보이는 것입니다. 식후에 아파트 주변을 한 바퀴 돌아도 좋고 TV 드라마를 꼭 챙기셔야겠다면 소파에서 일어나 스트레칭이나 스쿼트 하는 모습이라도 보여주세요. 아이들이 건강하길 바란다면 나부터 건강한 모습을 보여주어야 합니다. '아이는 부모의 거울'이란 말이 괜히 나온 것은 아닙니다.

달리기 위해
태어난 인간

. . .

야생의 열등생, 인간

신체적 능력을 기준으로 보자면 인간은 다른 동물과 비교하여 한없이 나약합니다. 송아지는 태어난 지 단 몇 시간 만에 스스로 걷고, 거의 모든 동물들이 태어나 불과 수개월만에 성체로 성장하여 독립할 수 있습니다. 그러나 인간은 1년이 지나야 겨우 혼자 걸을 수 있으며 이후에도 수년에 걸쳐 음식과 안전한 잠자리 등 부모의 적극적인 보살핌을 받는 환경 속에서 보호받으며 성장하여야 합니다.

인간은 야생의 어느 동물보다 신체적 능력(시각, 후각, 근력 등)에서 보잘것 없는 존재입니다. 치타는 최고속도 120km로 달릴 수 있고, 고릴라는 웬만한 자동차 한대를 들어 올릴 정도의 힘을 가지고 있으며 토끼는 최고속도 72km로 달릴 수 있습니다. 반면 인간은 단거리 세계기록 보유자인 우사인 볼트^{Usain St. Leo Bolt} 조차 최고속도는 시속

45km/h에 그칩니다. 이렇듯 인간은 모든 동물과 비교했을 때 근력과 스피드 등에서 형편없는 수준으로 뒤떨어집니다. 그럼에도 인류는 포식자와 천적의 위협에도 불구하고 진화에 성공했습니다. 인류는 이러한 신체적 열세에도 불구하고 어떻게 살아남을 수 있었을까요?

인간, 털 대신 땀샘을 갖다

인간과 다른 동물을 구분 짓는 가장 큰 특징 중의 하나가 온몸을 뒤덮는 털이 있느냐 없느냐입니다. 인간은 머리털과 음모 등 몇몇 부분을 제외하고는 피부를 덮었던 털이 사라지는 방향으로 진화의 과정을 거쳤습니다. 인류가 여러 동물들보다 월등히 오래 달리기를 잘할 수 있는 비결도 온몸을 덮는 촘촘하고 긴 털이 없기 때문입니다. 인류는 두터운 털가죽 대신 온몸에 무수한 땀샘을 가지고 있습니다. 땀샘이 많다는 것은 몸에 난 열을 식히기에 훨씬 효율적이라는 이야기이며 이것은 장시간 운동이 가능한 또 하나의 결정적 조건이 됩니다.

간단한 예를 들어보겠습니다. 강아지가 열심히 산책을 하고 더울 때 어떻게 열을 식히는 줄 아시나요? 몸에 땀샘이 없으므로 혀를 길게 내밀고 숨을 헐떡이면서 체온을 낮추기 위해 애씁니다. 그들은 체온을 조절하는 방법이 그것밖에는 없기 때문입니다. 따라서 혀를 통해 체온을 조절할 수 있는 것보다 더 높게 체온이 올라가면 그들은 운동을 멈출 수 밖에 없습니다. 그렇지 않으면 체온이 계속 올라 세포가 괴사하여 죽음에 이를 수도 있습니다. 다른 어떤 동물도 인간의 장거리 달리기 실력을 따라 올 수 없는 이유입니다.

타고난 마라토너

인간은 다른 동물에 비해 힘과 스피드 등에서 압도적인 열세에 있습니다. 경쟁자체가 안됩니다. 자, 다시 처음 질문으로 돌아가겠습니다. 그렇다면 인류는 어떻게 먹을거리를 사냥하고 살아남을 수 있었을까요? 그것은 우리 인류에게는 그 어떤 동물보다 탁월한 '오래달리기' 능력이 있었기 때문입니다.

진화생물학적으로 인류와 달리기는 특별한 관계가 있습니다. 오래달리기라는 탁월한 능력으로 인류는 야생에서 사냥과 채집을 통해 생명을 유지할 수 있었고 수많은 위험으로부터 벗어날 수 있었습니다. 같은 맥락에서 진화인류학자들은 '인간은 타고난 마라톤선수다.'라고 말합니다. 그 옛날부터 생존을 위해 오랜 시간 달릴 수 있도록 우리의 몸은 최적화 되었고 그에 따라 진화해 왔기때문입니다.

과거의 인류들이 '오래달리기' 실력을 어떻게 발휘했는지 알아볼까요? 원시인이 너른 초원에서 사슴을 사냥한다고 생각해 봅시다. 사냥에 나선 원시인들은 목표물로 삼은 사슴에게 조용히 다가갑니다. 그러나 처음부터 사슴을 사로잡을 생각은 애초에 없습니다. 사슴에 비해 힘도 약하고 순간 스피드도 턱없이 부족하니까요. 다만 인간에게는 오래달리기 능력이 있습니다. 몰래 다가간 원시인은 사슴을 놀래킵니다. 위협을 느낀 사슴은 그 즉시 자신이 낼 수 있는 최고 속도로 도망을 갑니다. 원시인들은 오래달리기로 끈기 있게 그 사슴에게 다가가고 또다시 놀라게 합니다. 사슴은 또 전력을 다해 죽기 살기로 도망갈 것입니다.

이렇게 도망가고 쫓아가는 과정이 수차례에 걸쳐 반복되면 결국 사슴의 근육에는 피로물질인 젖산이 쌓이고 더 이상 달릴 수 없는 근육 경직 상태에 이르게 됩니다. 더 이상 움직이지도 저항하지도 못하는 상태가 되는 것입니다. 이제 원시인의 사냥은 성공했습니다.

젖산(Lactate)

글리코겐에서 해당解糖에 의해 생기며, 일상생활에서는 아주 적은 양이 혈중에 존재한다. 그런데 강한 운동에 의해 산소공급이 부족하면 근육에서의 무산소 과정이 왕성해져서 젖산의 생산이 활발해지고 이것이 핏속에 방출된다. 운동 강도가 강할수록 혈중 젖산 농도가 높아져 - 중략 - 혈중 젖산의 증가는 혈액 pH를 저하시켜 호흡 촉박, 이산화탄소의 과잉 배설을 일으켜 근육 중의 젖산 농도筋中濃度가 300mg/dℓ에 달하면 근경직이 일어나 운동을 지속하는 것이 불가능하게 된다.

앞서 말씀드린 바와 같이 인간은 타고난 마라토너입니다. 비록 사슴만큼 엄청난 순발력에 의한 폭발적 속도는 아니지만 15km/h 내외의 속도를 유지하며 두세 시간에 걸쳐 수십 km를 달릴 수 있는 능력은 다른 동물과 비교했을 때 오직 인간만이 가지고 있습니다.

속도를 유지하며 더 멀리, 그리고 더 오랜 시간 달릴 수 있는 지구력은 그 어떤 동물보다 인간이 우수하다는 이야기입니다. 우리 몸에 털이 없고 대신 땀샘이 온몸에 존재하여 체온을 효과적으로 떨어뜨려 가능한 일입니다.

인간의 몸은 달리기에 적합하도록 여러 신체적 특징들을 발전시키며 진화해 왔습니다. 그런 특징들은 아직도 우리의 DNA 속에 남아 있습니다. 정강이와 발바닥은 아치 형태를 하고 있기 때문에 달리기를 할 때 충격을 흡수하고 동시에 몸을 앞으로 나아가도록 돕습니다. 발뒤꿈치 뼈부터 종아리 근육까지 연결된 아킬레스건은 마치 용수철처럼 탄성이 있어서 충격을 흡수했다가 앞으로 나갈 수 있도록 추진력을 만들어줍니다. 그리고 뛸 때 머리가 과도하게 흔들리지 않도록 목 뒤의 근육과 승모근도 매우 발달해 있습니다. 인간은 오랜 시간 앉아 있거나 머물러 있도록 진화된 것이 아니라 걷고 뛰도록 진화되어 온 것이 틀림없습니다. 그것은 우리의 DNA 속에 수백만 년에 걸쳐 더 멀리 더 오래 뛰도록 각인된 것입니다. 선조가 물려준 신체적 특성을 충분히 활용하고 누리는 것이 우리가 건강하게 살 수 있는 방법 중 하나입니다.

나 체육쌤이야!

저 아름다운 김연아를 보라

운동할 때 이런 걱정하는 여성분들 계실 것 같습니다.

'운동해서 근육이 울퉁불퉁하면 보기 싫은데……. 팔다리 굵어지면 어떡하지? 운동을 하면 남성호르몬이 나온다는데 목소리가 굵어지고 몸에 털도 더 나는 거 아닌가?' 이런 걱정은 기우에 불과합니다.

앞서 설명드렸듯이 여성은 남성에 의해 테스토스테론 분비량이 겨우 1/10에서 1/20 수준인 0.1~1(ng/mL)에 불과합니다. 따라서 일부러 남성호르몬 주사를 주기적으로 맞지 않는 이상 근육이 울퉁불퉁 커지는 일은 벌어지지 않습니다.

설사 운동선수처럼 매일 8시간 이상 운동해도 남성처럼 팔다리가 굵어지는 일은 없습니다. 대신 여성분들은 가늘고 탄력 있으며 매끈한 형태의 근육이 자리 잡게 될 테니 걱정하지 마세요. 우리의 자랑스러운 김연아 선수를 떠올려보면 이해하실 거예요. ^^

성장 호르몬,
당신의 피부를 지켜준다.

우리는 호르몬의 노예입니다. 호르몬이 우리의 몸과 마음에 미치는 영향은 실로 지대합니다. 호르몬의 작용에 따라 기분이 좌지우지되고 우리의 행동이 결정되기도 하거든요. 게다가 운동과 관련되어 근육이 성장하거나 심리적·정서적 안정을 얻기 위해서도 호르몬의 역할이 꼭 필요합니다. 이렇게 중요한 역할을 하는 호르몬 중 운동과 관련된 테스토스테론과 성장호르몬에 대해 이야기해 보겠습니다.

테스토스테론(testosterone)

남성호르몬이라고도 불리는 테스토스테론입니다. 라틴어 testis(고환)와 sterol(스테로이드)의 합성어로 남성을 남성답게 만드는 역할을 하는 대표적인 성 호르몬입니다. 근육 형성에 결정적 작용을 하기 때문에 근육질의 멋진 몸매를 만들기 원하는 많은 남성분들이 열광하는 호르몬입니다. 이 호르몬은 남성의 고환에서, 여성의 경우 부신이라는 콩팥 위의 작은 내분비샘에서 나오는데요, 몸에 근육을 붙이고 지방을 줄이는 역할을 합니다. 또한 적혈구 생산을 늘려주고, 골격을 크게 만들어주며 심지어 공격성을 높이는 역할을 하기도 합니다.

왕성하게 테스토스테론이 뿜어져 나오는 청소년기의 남자아이들이 저돌적이고 무모하며 충동적인 성향을 보이는 원인이 여기에 있습니다.

솟아나라 테스토스테론

근육합성에 큰 역할을 하는 테스토스테론은 남성이 여성보다 10배나 농도가 높은 데다가 근력운동을 했을 때 분비되는 테스토스테론의 양도 여자보다 훨씬 폭발적입니다. 그러면 여성분은 근육 만들기를 포기해야 하나요? 그렇지 않습니다. 마음만 먹으면 간단히 해결할 수 있습니다. 해결책은 평소보다 강한 강도로 근력 운동을 하는 것입니다. 강도만 높여주면 낮은 강도로 설렁설렁할 때보다 강력하게 테스토스테론의 분비를 늘릴 수 있습니다. 10kg의 무게로 15회 하던 것을 20kg의 무게로 5회만 실시하는 식이죠. 단 무게가 높아질 수 록 관절의 부상 위험도 커지니 본인의 능력에 맞게 무게를 늘려가시기 바랍니다. 또 다른 방법으로 큰 관절을 쓰는 운동을 하면 테스토스테론의 분비가 활성화됩니다. 우리 몸에서 가장 큰 관절인 고관절을 중심으로 하는 운동을 해주는 것이 도움이 되죠.

스쿼트나 데드리프트 등의 운동은 큰 관절을 쓰고 허벅지 근육(대퇴사두근, 대퇴이두근)과 엉덩이 근육(대둔근) 같은 덩어리가 큰 근육을 사용함으로써 효율적으로 테스토스테론의 분비를 이끌어낼 수 있습니다.

성장 호르몬, 키만 크게 하는 게 아니었다

'어! 성장호르몬은 키를 키워주는 호르몬인데? 이건 한창 성장하는 청소년들에게만 필요한 거 아니야?' 하는 분들 계실 것 같은데요, 네 절반은 맞는 말씀입니다. 성장호르몬은 성장기 아이들의 뼈가 성장하고 근육이 만들어지는데 중요한 역할을 합니다. 그런데 성장호르몬은 청소년기 때에만 분비되는 게 아니고 성인이 되어서도 여전히 상당한 양이 나옵니다.

문제는 나이가 들수록 분비량이 줄어든다는 것입니다. 성장호르몬은 사춘기 때 가장 높은 수치로 분비되면서 키를 크게 하고 몸집을 키워줍니다. 그러다 성인이 되면 더 이상 성장에는 관여하지 않고 건강유지를 위한 신진대사를 돕습니다. 약 25세에 정점을 찍은 성장호르몬 수치는 이후 매년 1~2%씩 떨어지기 시작해서 60세가 되면 최고 수치의 절반 정도에 그친다고 합니다. 그래서 어린아이와 노인의 회복력은 하늘과 땅 차이죠. 팔이 부러져 깁스를 한 채로 아이들은 정해진 기간만 딱 채우면 틀림없이 튼튼하게 아물지만 노인은 더딘 회복 속도에 체력도 약해져서 작은 골절이 삶의 질을 급격히 추락시키기도 합니다.

숙면 중 뿜 뿜! 성장호르몬!

성장호르몬은 지방을 분해하고 단백질을 합성하는 역할을 하는데요,

앞서 알아본 테스토스테론과 유사한 기능이죠. 하지만 테스토스테론이 격한 운동을 할 때 나오는 것과는 달리 성장호르몬은 휴식할 때, 특히 잠을 잘 때 잘 분비됩니다.

생체리듬 상 밤 10시에서 새벽 2시 사이에 가장 활발히 나온다는 이야기를 들어 보셨을 텐데요, 꼭 그런 것은 아니라는 연구결과가 있습니다. 10시가 가까워오면 빨리 자라고 아이들을 다그칠 필요는 없다는 것입니다. 잠드는 시간과 무관하게 잠든 후 약 1시간이 지나고 나면 성장호르몬이 분비되기 시작합니다. 그러니 9시에 잠든다고 가정하면 10시부터 성장호르몬이 나오는 것이고, 12시가 되어야 잠드는 패턴을 가진 사람은 새벽 1시쯤 성장호르몬이 나오는 겁니다.

다만 실험을 통해 알아보니 하루 중 아무 때나 잔다고 성장호르몬이 분비되지는 않았습니다. 햇빛을 완전히 차단한 실내에서 피실험자들을 생활하게 한 뒤 하루 중 임의대로 불규칙적으로 수면을 취한 경우 성장호르몬은 현저하게 낮은 분비량을 보였습니다. 규칙적인 수면 패턴을 가지고 일정한 생체리듬에 따라 양질의 숙면을 취하는 것이 성장호르몬 분비에 중요한 요인이라는 것을 알 수 있습니다.

성장호르몬 나의 피부를 지켜다오

주위에 보면 나이에 비해 유독 젊어 보이는 사람이 있는가 하면 더 들어 보이는 사람도 있습니다. 한때 '피부는 권력이다'라는 우스갯소리가 있었습니다. 외모로 그 사람을 평가하고 저울질하는 것은 현대사회의 어두운 단면을 보는 것 같아 씁쓸한 마음이 듭니다.

그러나 푸석푸석하고 메마른 얼굴보다야 기왕이면 건강해 보이고 탄력 있는 피부를 유지하고 싶은 것은 인지상정 아니겠습니까? 좋은 화장품을 바르고 실내 습도를 유지하며 피부클리닉 쿠폰을 끊는 것보다 먼저 성장호르몬을 챙기는 게 가성비 높고 효과도 좋습니다. 결국 운동뿐만 아니라 휴식, 즉 잠에도 신경을 써야 된다는 것을 기억해 주세요.

성장호르몬이 분비되는 소리가 있다?

특이한 것은 성장호르몬은 공복 상태에서 잘 나온다고 합니다. 배고픈 상태가 되면 성장호르몬의 분비가 최고조에 달한다는 것입니다. 늦은 밤 야식을 끊어야 하는 이유가 또 하나 생겼습니다. 밤에 야식을 먹고 자는 것은 몸무게만 늘리는 것이 아니라 성장호르몬의 분비도 방해하는 행동이었습니다.

낮 동안에도 주의할 점이 있습니다. 식사와 식사 사이에 간식을 주섬주섬 먹고 있으면 성장호르몬이 분비되지 않습니다. 간식을 끊고 적당히 공복을 즐겨야 불필요한 칼로리 섭취를 막을 뿐만 아니라 성장호르몬의 분비도 촉진할 수 있습니다. 위가 공복 상태가 되면 위점막에서 '그렐린^{ghrelin}'이라는 물질이 분비되는데요, 그렐린은 뇌하수체로 흘러들어가 성장호르몬의 분비를 촉진합니다. 그러나 위에 음식물이 흘러들어오면 '그렐린'의 활동은 멈춰집니다.

즉 성장호르몬의 분비가 끊기는 것이죠. 여러분은 배에서 꼬르륵 꼬르륵 소리가 나는 것을 언제 마지막으로 들어보셨나요? 꼬르륵 소리가 바로 성장호르몬이 나오는 소리라고 생각하면 됩니다.

공복 유지하기 꿀팁, 뇌를 속여라.

최근 간헐적 단식의 유행 이유도 공복을 유지함으로써 얻는 이득이 있기 때문입니다. 공복 상태를 이기기 어렵다면 물을 마시기를 권합니다. 제가 일주일에 두어 번 아침을 굶는 간헐적 단식을 하고 있는데요, 항상 먹던 시간에 안 먹으니 배도 고프고 무언가 허전했습니다. 식사(食事)가 한자로 풀이하면 '먹는 일' 일종의 의식 아니겠습니까? 항상 해오던 일을 빼먹으니 허전했나 봐요. 그래서 마치 의식을 치르듯 밥공기에 물을 담았놓고 식탁에 숟가락을 챙겨 정자세로 앉았습니다. 숟가락으로 물을 떠먹어봤습니다. '뭐하는 짓 이래?'라며 눈으로 말하는 와이프를 외면하고 꿋꿋이 다 떠먹었습니다.

뇌를 속이는 또 하나의 방법이 있습니다. 뭘 먹은 게 없더라도 양치질을 한번 해보세요. 저만의 뇌를 속이는 방법입니다. 양치질을 하면 거짓말처럼 뭘 먹고 싶다는 욕구가 사라집니다. 뇌가 뭘 먹었다고 속는 것 같습니다. 그리고 살짝 단맛이 나는 치약이라면 더 효과가 좋으니 참고하세요.

쾌감을 부르는 도파민(Dopamine)

우리 아이들 게임 참 좋아합니다. 특히나 남학생의 경우 종례 후 휴대폰을 나눠주기가 무섭게 SNS 확인 후 바로 게임에 돌입합니다. 학원 가기 전까지 운동장 구석에 삼삼오오 모여 각자의 휴대폰을 향해 고개를 숙이고는 게임에 열중합니다. 이해는 합니다. 잠시나마 좋아하는 게임을 할 때에는 학업 스트레스나 부모님의 잔소리 등은 잊혀질 겁니다. 이러한 짜릿한 기분을 느끼는 것은 뇌에서 도파민이 분비되기 때문입니다. 도파민은 대표적인 우리 몸의 보상 시스템으로 삶의 의욕과 흥미를 부여해 주는 신경전달물질 중 하나입니다. 일에 대한 성취감이나 만족감, 우월감 등이 도파민에 의해 느껴지는 것입니다. 도파민이 더 많이 분비되면 될수록 쾌락을 느끼며 환각에 가까운 흥분상태에 이를 수도 있습니다.

각종 중독의 이유가 여기에 있습니다. 게임을 하면 도파민의 분비로 즐거움을 느끼는데요, 게임을 많이, 오래 할수록 도파민 분비가 늘어나면서 우리의 몸은 서서히 적응하게 됩니다. 그렇게 되면 익숙한 것에는 더 이상 재미를 느낄 수 없고 더 자극적인 그 무엇을 찾게 되는 것입니다. 어린 나이일수록 게임을 일찍 시작하면 곤란한 이유도 여기에 있습니다. 이른 나이에 화려한 사운드와 자극적인 영상을 접하게 되면 잔잔하고 정적인 교과서 삽화나 선생님의 말씀에는 재미를 느끼기가 힘들어지게 됩니다. 달달한 아이스크림으로 혀를 한껏 흥분시켜놓고 이어서 밥을 먹으면 밥맛이 없는 상황과도 유사합니다. 우리 아이들의 도파민 분비는 안녕한지 돌아볼 시간입니다.

죽는날까지
치매없이 살기를

．

．

．

가상의 뉴스입니다. 2050년 즈음되면 실제로 치매예방약이 개발
될 수도 있으니 미리 보는 뉴스라고 할 수 도 있겠군요. 안타깝게도
현재 의학기술로는 치매를 예방하는 마법의 약은 없습니다. 대신 같
은 효과를 얻을 수 있는 것을 소개해드리겠습니다. 그것은 바로 '운
동'입니다. 연구결과에 의하면 하루 30분의 산책만으로 치매 발병을

줄일 수 있다고 합니다. 심지어 매일 걸을 필요도 없이 주 5일 정도면 충분합니다.

저는 친할머니와 외할머니 두 분 모두 치매로 오랜 기간 고생을 하시다 돌아가시는 것을 지켜보았습니다. 기억을 잃어간다는 것, 그리고 그 과정을 곁에서 지켜본다는 것은 견디기 어려운 서글픔이었습니다. 이승에 남겨질 사람과의 정을 끊기 위해 돌아가실 즈음 평소와 달리 더 심술을 부리신다고 주위에서 말씀하셨지만 위로가 되지는 못한 것 같습니다.

이 세상을 뜨는 날까지 맑은 정신과 건강한 신체를 유지하고 싶은 마음은 누구나 같을 것입니다. 저 역시 노년의 생활과 건강상태가 어떠할지 알 수 없지만 제 가족, 특히나 제 두 딸에게 짐이 되고 싶은 마음은 추호도 없습니다. 나를 위해 그리고 가족을 위해 이제 소파에서 일어나실 때입니다.

치매 발병을 낮추는 비결

한 연구에서는 인지장애가 없는 65세 이상 노인 1,740명을 대상으로 운동 빈도, 인지기능, 신체기능, 우울 수준에 대해 설문조사를 하였습니다. 6년 후 과학자들은 설문 대상자들을 추적 조사했고 운동량과 치매 질환의 발병률을 비교해보았습니다. 조사 결과 관찰 대상 중 주 3회 이상 운동을 한 사람의 치매 발병률은 그렇지 않은 사람보다 32% 낮게 나타났다고 합니다.

고령화 사회가 가속화되면서 치매환자가 급증하고 있으며 암과 함께 국민이 가장 두려워하는 질환으로 주목받고 있습니다. 중앙치매센터의 조사에 의하면 2018년 말 우리나라 65세 이상 노인 인구 중 치매환자수는 75만 명으로 추정되며 이것은 10.16%에 해당하는 수치입니다. 65세 노인 10명 중 1명이 치매를 앓고 있다는 셈입니다. 더 심각한 것은 2024년에는 치매환자수가 100만 명, 2039년에는 200만 명에 이를 것으로 추산된다는 것입니다.

　　몸과 마음의 건강을 위해 투자하여야 할 최선의 실천은 운동입니다. 온갖 영양제와 진통제보다 강력한 힘을 발휘하는 것도 바로 운동입니다. 의사의 처방전보다 더 효과적인 치료해법이 될 수 있다는 것을 믿어보시기 바랍니다.

코로나19 시대,
체육수업도 변해야

제가 중학교를 다니던 시절만 해도 고등학교 진학 시 '체력장' 점수가 필요했었습니다. 연합고사 180점과 체력장 20점이 더해져서 200점이 만점이었던 걸로 기억합니다.

체력장 종목이었던 100미터 달리기, 제자리멀리뛰기, 오래 달리기, 윗몸일으키기, 공던지기, 턱걸이 등을 생각하면 지금도 체력장 시험을 치던 그날의 긴장감이 느껴지는 것 같습니다. 체력장에 응시만하면 기본 16점이 주어졌고 거의 대부분의 학생들이 어렵지 않게 20점 만점을 채울 수 있었지만 '체력장'을 운동회처럼 즐겁고 재미있게 받아들이는 학생은 없었던 것 같습니다.

사실 오래 달리기와 턱걸이에 재미를 느끼는 중3학생이 몇이나 있을까요? 그저 당연히 '해야 한다'니까 했던 것 같습니다. 옆에 친구가 뛰니까 따라 뛰고 선생님들의 매서운 눈초리가 있으니 덮어놓고 열심히 했던 것 같습니다. 몇몇 종목으로 인해 극한의 고통을 맛보기도 했습니다. 선생님께서는 제자들이 조금이라도 높은 등급을 받으라고 적당한 긴장감과 공포감을 조성해 주셨더랬죠. 그 덕에 평소 생각지도 못한 턱걸이 신기록을 세우기도 하고 1,500미터를 단 한 번도 걷지 않고 뛰어서 완주하는 친구들도 속출했습니다.

현재 팝스(PAPS, Physical Activity Promotion System)라고 불리는 학생 건강체력평가제도로 바뀌었는데요, 점수가 고등학교 입시에 반영되지 않고 내신성적에도 합산되지 않기에 학생들은 그저 체육수업 중 하나로 여기며 가벼운 마음으로 평가에 응합니다.

교사 입장에서도 강제할 명분도 없을뿐더러 부상의 위험도 있기 때문에 몰아붙이는 분위기는 아닙니다. 그저 '본인이 할 수 있는 정도까지 성의껏 해보자'라고 독려, 설득하는 정도입니다. 과거의 체력장보다 과학적인 근거에 토대를 두고 종목을 구성하고 있으며 체력의 개인차에 따라 운동 강도를 조절할 수도 있습니다.

다소 위험한 심폐지구력의 경우 측정 중 힘들거나 한계에 다다르면 스스로 멈추고 그 시점의 기록이 반영되며 그 누구의 강요나 강압적인 제제는 없습니다. 그럼에도 불구하고 과거의 체력장처럼 오늘날의 팝스(PAPS) 역시 학생들은 지루해하고 싫어합니다. 체력장이란 제도는 억지로라도 학생들이 체력을 관리하고 건강을 챙길 수 있도록 만들어 주었을지는 몰라도 운동의 재미와 동기를 불러일으키기에는 분명한 한계가 있는 것 같습니다.

체력장과 PAPS 비교

평가 영역	체력장	PAPS	비고
순발력	100미터 달리기	50미터 달리기, 제자리멀리뛰기	안타깝게도 운동장은 점점 작아지고 있습니다.
근력	윗몸일으키기, 턱걸이(남), 오래 매달리기 (여), 공던지기	악력, 팔굽혀펴기	쥐는 힘은 악력계라는 기계를 이용하여 측정하는데요, 몸 전체의 근력과 높은 상관관계를 가지고 있습니다.
심폐 지구력	오래 달리기	왕복 달리기 (셔틀런), 스텝 검사, 오래 달리기·걷기	학교에서는 왕복 달리기(셔틀런), 스텝 검사, 오래 달리기·걷기 중 하나를 골라서 할 수 있습니다. 어느 것이든 강압적으로 하지 않습니다. 탈진이나 건강상에 큰 문제가 일어 날 수도 있기 때문에 가장 조심해야 하는 종목 중 하나입니다.

체육 시간이 괴로운 아이들도 있다.

대부분의 남학생과 다수의 여학생들이 체육시간을 좋아하고 즐거워합니다. 체육교사로서 이런 상황은 고맙고도 감사한 일입니다. 아이들이 수업을 좋아하니 저 역시 힘이 나고, 능동적으로 즐겁게 참여하는 모습은 큰 보람이 됩니다. 그러나 체육시간을 좋아하지 않는 학생도 분명 존재합니다. 즐기지 않는 수준을 넘어 싫어하고 두려워하는 학생도 분명 있습니다.

몇 해 전 어느 정신과 의사 선생님의 칼럼을 읽은 적이 있습니다. 저는 충격을 받았습니다. 이미 성인이 된 환자들 중 체육시간에 받은 상처를 고백하는 환자가 적지 않다는 것이었습니다. 도저히 뛰어넘을 수 없는 높이의 뜀틀을 당시 수업 분위기에 압도되어 어쩔 수 없이 시도하게 되었는데 아니나 다를까 뜀틀과 한 몸이 되어 구르게 되었답니다. 사방에서 쏟아지는 비웃음에 눈앞이 하얘졌다는 거죠. 피구 경기를 할 때에는 시작부터 자존심이 상했다고 해요. 편을 가를 때 마지막까지 뽑히지 못해 자존감이 바닥을 향하는 고통도 매번 당했다는 거죠. 더구나 단체경기에서 실수를 하면 눈치가 보이기 때문에 본인에게 공이 올까 봐 그렇게 불안할 수가 없었다는 겁니다.

체육시간만 되면 자존감이 쪼그라들어 말라비틀어질 지경이었다고 합니다. 그 글을 읽고 반성을 많이 했습니다. 제가 가르치는 체육이 그 어느 과목보다 큰 상처를 줄 수 있는 시간이었습니다. 운동장이라는 무대에서 체육을 좋아하고 즐거워하는 학생에 스포트라이트가 맞춰지니 고통받고 상처 받는 아이들은 그늘에 가려 드러나지 못했던 것입니다.

체육시간을 힘겨워하던 아이들이 나중에 성인이 되면 스스로 운동을 찾게 될까 두려운 마음이 듭니다. 지나친 경쟁보다는 스스로 움직임의 즐거움을 찾아갈 수 있도록 평생체육을 염두에 둔 배려가 있는 체육수업을 고민해야겠습니다.

Elbow Plank

Basic Plank

Elevated Side Plank

Elbow Plank (Knee)

Plank Leg Raise

Ball Plank

Bent Knee Side Plank

Plank Arm Reach

Ball Plank Reverse

Side Plank

Side Plank
Knee Tuck (1)

Extended Plank

Side Plank Leg Lift

Side Plank
Knee Tuck (2)

Reverse Plank

까다롭게 먹이고
둔하게 재우기

4

어릴 때 통통이
커서는 뚱뚱

·
·
·

통계청과 여성가족부가 발표한 '2019 청소년 통계'에 따르면 2018년 기준 국내 청소년(9~24세) 876만여 명 가운데 과체중과 비만을 포함한 비만군의 비율은 25%입니다. 그런데 과거의 데이터 추이를 보면 비만율은 앞으로도 지속적으로 증가할 것으로 예상됩니다. 안타깝게도 이는 우리나라만의 문제가 아니라 세계적인 추세입니다. 세계보건기구WHO에 의하면 전 세계 소아·청소년 비만 인구가 40년 전보다 10배 증가했다고 합니다.

문제는 뚱뚱한 아이는 어른이 되어서도 뚱뚱할 확률이 높다는 것입니다. 2006년 대한비만학회는 성장기 비만의 약 68%가 성인 비만으로 이어진다고 발표한 바 있습니다. 근래에 들어 비만 문제는 더욱 심화되고 있어 전문의들은 비만 청소년이 비만 성인이 되는 비율을 최대 80%까지 보고 있는 현실입니다. 더 나아가 성인 비만은 이미

2~6세에 이미 결정된다는 연구 결과도 있습니다.

청소년 비만전문가들은 비만 예방책으로 충분한 수면을 꼽습니다. 2007~2015년 질병관리본부의 국민건강영양조사에 따르면 수면 시간과 비만은 매우 높은 상관관계를 가지고 있다는 것을 알 수 있습니다. 수면 시간이 짧을수록 비만 및 과체중일 확률이 높은 것이죠. 수면 시간이 평균보다 짧은 경우 비만과 과체중 비율이 1.7배 높았고 복부비만을 의미하는 허리둘레는 1.5배 컸습니다. 남학생의 경우 수면 시간이 부족하면 비만은 1.2배, 과체중 비율은 1.8배 높아졌고, 여학생은 비만은 2.3배, 과체중은 1.7배까지 높아졌습니다. 그렇다면 적절한 하루 수면 시간은 얼마일까요? 미국수면재단(NSF: National Sleep Foundation)은 연령에 따른 권장 수면 시간을 다음과 같이 안내하고 있는데요, 초등학생(7~13세)은 9~11시간, 중·고등학생(14~17세)은 8~10시간 정도입니다. 우리나라의 경우 권고 시간을 꼬박꼬박 채워가며 잠을 잘 수 있는 학생이 과연 몇이나 될까요? 우리나라 9살에서 17살까지의 아동과 청소년들의 평균 수면 시간은 학기 중 8.3시간에 그쳤습니다.

소아비만은 질병의 관문입니다. 성인 비만은 세포의 크기가 증가하는 것에 그치지만 소아 비만은 지방세포의 수와 크기가 동시에 증가하는 양상을 보이죠. 그러므로 성인비만에 비해 체중조절이 더욱 어려운 특징이 있습니다. 소아비만을 심각하게 받아들이고 미리 조치를 취해야 하는 이유가 여기에 있습니다. 이쯤 되면 소아·청소년 비만은 단순히 통통한 게 아니라 질병입니다. 세계보건기구WHO도 이미 1996년에 비만을 질병으로 분류했습니다. 비만은 여러 성인병의 위험성을 높일 뿐만 아니라 사춘기 청소년의 자존감도 무너뜨릴 수 있어 심리적인 문제까지 동반할 수 있습니다. 소아비만은 각종 질병으로 가는 초입임을 명심해야 합니다.

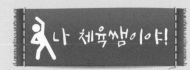

딸들의 비만이 위험한 이유, 이른 초경!

우리 몸속에는 건강상태를 체크하고 유지하는 자체적인 메커니즘이 돌아가고 있습니다. 항상성이라고도 하죠. 그중 하나가 생식능력인데요, 종족번식을 위해 가장 풍족한 시기에 최고로 건강한 상태에서 아기를 낳도록 설정되어 있는 겁니다. 아이를 잉태하고 분만하기에 충분한 신체적 조건이 갖춰진 상태라 여겨지면 우리 몸은 드디어 생식을 위한 활동을 시작하는데요, 여자아이들의 경우 바로 초경의 형태로 나타나는 것입니다.

그런데 초경이 너무 빠른 경우가 문제입니다. 일단 초경이 시작되면 전 생애에 걸쳐 프로게스테론이라는 호르몬에 노출되는 기간이 길어질 수 밖에 없는데요, 세포 분열을 촉진하는 호르몬의 특성상 유방암과 난소암 같은 종양 발생 확률이 높아지는 것입니다.

국립보건원에 따르면 현재 우리나라 여성의 평균 초경연령은 만 12.7세(2016년 기준)입니다. 1970년대 16.8세에 비하면 급격하게 빨라졌습니다. 그런데 아직 수렵과 채집을 하는 부족의 여성은 초경이 17세 정도에 머물러있다고 합니다. 어디에서 이런 차이가 오는 걸까요? 많은 연구진이 밝혀낸 단순하고도 명확한 이유는 바로 여성의 운동량과 체중이었습니다. 사랑하는 딸들! 운동을 해야합니다. 비만예방과 초경을 늦추는 일석이조의 효과를 누릴 수 있습니다.

리더를 만드는 비법,
낮잠

세계적인 스포츠 용품업체 나이키는 피트니스 클럽, 모유 수유실, 탁아실에 이어 사내에 '콰이어트 룸'을 만들어 직원들이 낮잠을 자도록 배려하고 있습니다. 구글은 근무시간의 20%를 낮잠 시간으로 지정해 따로 마련된 수면실에서 휴식을 취할 수 있도록 하고 있습니다.

세계적인 기업들이 직원들에게 낮잠을 허락하는 이유는 무엇일까요? 그들은 이미 낮잠의 힘을 알고 있는 것입니다.

유명인들의 낮잠

천재 물리학자 아인슈타인은 잠을 많이 잔 것으로 유명합니다. 밤에 10시간 가까이 자고도 매일 낮잠을 즐겼다고 합니다.

잠은 4시간 정도면 충분하다고 한 나폴레옹도 사실은 불면증 환자였으며 말을 타고 가면서도 토막잠을 잘 정도로 낮잠을 자면서 부족한 밤잠을 보충했다고 합니다. 천재 화가 레오나르도 다빈치와 석유 재벌 록펠러도 매일 작업실과 사무실에서 낮잠을 즐긴 일화로 유명합니다. 2차 대전을 승리로 이끈 영국의 총리 윈스턴 처칠도 91세까지 장수한 자신의 건강 비결로 낮잠을 꼽았습니다. 케네디, 레이건 등 여러 미국 대통령들도 정적의 비판에도 아랑곳하지 않고 집무실에서 규칙적인 낮잠을 즐겼습니다. 100M와 200M 세계기록을 보유하고 있는 단거리 육상의 슈퍼스타 우사인 볼트 역시 낮잠을 적절히 이용하는 사람 중 하나입니다. 그는 경기가 시작되기 몇 시간 전 낮잠을 즐긴다고 하는데요, 세계기록을 세우거나 올림픽 결승전에서 금메달을 딸 때에도 그는 여느 때와 마찬가지로 낮잠을 자고 나왔다고 합니다.

몸과 마음을 재부팅시켜주는 낮잠

낮잠은 우리의 몸과 마음을 재부팅시켜줍니다. 밀려오는 졸음을 억지로 참고 견뎌보신 적 있으시죠? 의지와 정신력만으로 졸음을 물리치는 게 쉬운 일은 아닙니다. 사실 이런 행동은 의미 없이 시간을 허비하는 것과 같습니다. 차라리 이런 때는 앞뒤 재지 말고 과감하게 잠시 눈을 붙이는 게 낫습니다. 숙면 후 개운한 아침을 맞이하듯 달콤한 낮잠 후의 오후 시간은 우리의 생산성과 효율성을 극도로 높여줄 것입니다. 마치 버벅대는 컴퓨터를 재부팅시켜주는 것과 같습니다.

미국 수면학회(American Academy of Sleep Medicine, AASM)와 미 항공우주국[NASA] 등의 실험 연구에 의하면 20~30분의 낮잠은 집중력과 업무수행 능력을 월등히 향상시켜 준다고 합니다. 잠시 자고 나면 밀려드는 졸음에서 벗어나 다시 업무에 효율적으로 몰입할 수 있음을 연구를 통해 밝혀낸 것이죠.

심장질환 발생과 혈압을 낮춰주는 낮잠

시에스타siesta라는 말 들어보셨나요? 이탈리아, 그리스, 스페인 등의 지중해 연안 국가와 라틴아메리카 등의 낮잠 풍습을 일컫는 말입니다. 이곳에서는 한낮의 무더위 때문에 일의 능률이 오르지 않으므로 낮잠을 자는 문화가 발달한 것인데요, 최근 스페인에서는 정치권을 중심으로 게으름의 상징과도 같다 하여 시에스타를 금지하려는 움직임이 일어나고 있습니다.

그러나 낮잠을 자는 사람은 계속 깨어있는 사람보다 혈압이 낮아지고 심장마비의 위험성이 줄어든다는 그리스 학자들의 연구결과와 일주일에 세 번 이상 낮잠을 자면 심장마비 위험이 37% 줄어든다는 하버드대 연구팀의 연구결과를 보면 정치인들은 과연 국적을 초월한 악수(惡手)의 달인이라는 생각을 하게 됩니다. 이밖에도 낮잠 후 위염이 감소하고 두통이 사라지며 운동 반응시간과 기억력도 좋아지는 등 낮잠의 효과를 입증하는 연구들이 잇따라 발표되고 있습니다.

어떻게 자야 하나?

이토록 좋은 영향을 끼치는 낮잠은 무조건 많이 자면 좋은 걸까요? 현실적으로도 많은 시간을 낮잠에 투자하기는 힘들 것입니다. 단순히 집중력을 높이고 기분전환을 하고 싶다면 20분 정도의 시간도 충분하다고 과학자들은 말합니다. 낮잠은 게을러서 자는 게 아니었습니다. 집중력을 높이고 학습효율을 배가시킬 수 있는 좋은 방법 중

하나입니다. 어쩌면 우리 자녀를 리더의 길로 이끌 비밀 전략인지도
모르겠습니다.

잠 못 드는
황제펭귄의 부성애

•
•
•

헌신적 새끼 돌보기로 유명한 동물이 있습니다. 바로 황제펭귄인데요, 특이하게도 황제펭귄에게 있어 육아는 수컷의 몫입니다. 암컷이 알을 낳은 후 수컷에게 알을 맡기고는 먹이를 찾아 바다로 떠나기 때문입니다. 수컷은 암컷이 돌아올때까지 강추위와 눈보라 속에서 알을 품고 있어야 하며 알이 부화하면 갓 태어난 새끼를 돌봐야 합니다.

그런데 놀라운 것은 이 기간 동안 수컷은 잠을 거의 자지 않는다고 합니다. 깊은 잠에 빠지면 천적과 주위 환경의 위험에 고스란히 노출될 수 있기에 잠조차 포기하고 혹한의 날씨와 고통의 시간을 묵묵히 견뎌내는 거죠. 초인적인, 아니 초펭적인(?) 힘이네요. 눈물겨운 부성애입니다. 그런데 황제펭귄처럼 우리 인간도 잠을 자지 않고 견딜 수 있을까요?

기네스북에 올라있는 깨어있기 기록은 1964년에 미국의 랜디 가드너 Randy Gardner라는 고등학생이 세운 11일 2시간입니다. 당시 '인간은 얼마나 오래 깨어 있을 수 있는가'라는 주제의 실험을 겸하고 있었는데 도전자가 졸려할 때마다 흔들어 깨우거나 말을 걸었고 나중에는 농구 경기를 시키는 등 잠들지 않도록 다양한 방법을 사용했다고 합니다.

그런데 실험시간이 흐를수록 예상치 못한 부작용이 나타나기 시작했습니다. 잠을 자지 않은 3일째 되는 날 거리의 간판을 행인으로 착각하고, 4일째 되는 날 자신이 프로 풋볼 선수라고 착각했으며, 6일째 되는 날에는 근육 제어가 안되고 단기 기억상실 증상을 보이기도 했습니다. 실험 후반부에 접어들어 사소한 일에도 짜증을 내고 환청과 피해망상 증상도 보였습니다.

이런 고생을 사서 한 랜디 가드너는 기네스 기록을 영원히 보유하게 되었습니다. 인간의 수면을 박탈하는 것은 건강상 너무 위험하다는 이유로 기네스북협회에서 더 이상 기록을 인정하지 않기로 결정했기 때문입니다. 이후 동물을 대상으로 실험을 진행할 수 밖에 없었는데 쥐를 대상으로 진행한 연구에서 정상적인 먹이와 운동량을 제공해 주었음에도 불구하고 수면 박탈 2주를 넘기지 못하고 쥐들은 모두 죽어버렸습니다.

사실 잠을 재우지 않는 수면 박탈은 오래된 고문방법 중 하나인데 동서양을 막론하고 자백을 강요하기 위한 고문방법으로 애용(?)되어 왔습니다. 나치 독일이나 문화 대혁명 시대의 중국에서도 행해졌으며 최근에는 미국 CIA에서도 테러 용의자를 심문할 때 사용되었다고 합니다. 수면 박탈 고문이 환각, 환청, 망상 등의 정신착란을 일으켰다는 보고는 무수히 많습니다.

수면의 기능 중 가장 중요한 것은 당연히 몸과 마음에 휴식을 주는 것입니다. 이러한 휴식을 통해 면역기능도 좋아지고 몸이 건강해지는 것이죠. 수면과 학습효율은 매우 밀접한 관련을 맺고 있습니다. 낮 동안 머릿속에 들어온 온갖 정보와 자극들은 수면시간 동안 정리되고 강화됩니다. 이렇게 정리가 되어야 장기기억으로 넘어가게 되고 다음날 새로운 자극과 정보를 수월하게 받아들일 수 있는 것입니다. 낮시간 동안 온갖 수를 써서 머릿속에 많은 정보를 집어넣었다고 하더라도 충분한 수면이 없다면 장기기억의 입구 앞에서 잠시 머물다 연기처럼 사라질 수 밖에 없습니다. 공부하는 우리 아이들에게 적절한 수면시간의 확보가 중요한 이유입니다.

애들아~
광합성 하자

태양은 스스로 에너지를 만들어내는 태양계의 유일한 별로 알려져 있습니다. 지구를 비롯한 수많은 행성들은 스스로 빛을 내며 밤하늘에서 자신의 존재를 뽐내는 것처럼 보이지만 그 빛은 태양빛을 받아 반사시킨 것에 불과합니다. 아름답게 반짝이는 별빛과 달빛도, 위성을 통해본 아름다운 지구의 푸른 빛깔도 그 원천은 모두 태양으로부터 온 것입니다. 지구에서 살아가는 생명체에게도 햇빛은 절대적 생명 유지의 조건입니다.

우리가 살아가는 지구가 헤아릴 수 없는 오랜 옛날부터 태양에너지에 의지해 살아온 것은 부정할 수 없는 사실입니다. 태곳적부터 태양은 인류를 포함한 지구 상의 생명체에게 아낌없이 베풀고 또 베풀어왔습니다. 빛과 열을 쉼 없이 발산해 내는 형태로 말이죠. 우리가 살기 위해 먹고 마시는 거의 모든 것이 따지고 보면 태양에너지로부터 비롯된 것입니다.

햇빛을 잘 쬐어야 정신건강에도 도움이 됩니다. 일조량이 줄어드는 겨울철에 우울감을 호소하는 '계절성 우울증' 환자가 급증하는 현상만 보아도 햇빛의 중요성을 알 수 있습니다.

우울증 환자와 상담을 할 때 의사 선생님이 가장 많이 건네는 조언 중 하나가 '햇빛이 좋은 날 야외에서 운동하세요'라는 말이랍니다. 사실 햇빛의 치유력은 이미 100여 년 전 1930년대부터 검증되었다고 하는데요, 각종 질병의 가장 효과적인 치료법으로 여겨져서 직사광선에 우리의 몸을 자연스럽게 노출하는 형태로 두루 시술되었다고 합니다.

그렇다면 과연 햇빛은 어떤 효과를 내는 것일까요? 기록에 의하면 고혈압 환자의 혈압이 극적으로 떨어졌고, 당뇨 환자의 비정상적으로 높은 혈당 수치가 안정되었으며, 질병을 이겨내기 위해 필요한 백혈구의 수치가 증가하였다고 합니다. 햇빛 요법은 운동능력 향상에도 영향을 미쳤는데요, 선수의 심박출량(심장이 혈액을 뿜어내는 양)을 증가시키고, 혈액의 산소 운반 능력을 향상시킵니다. 또한 통풍, 류머티즘 관절염, 좌골신경통, 신장질환, 천식 환자들 역시 햇빛 요법으로 상당한 치료효과를 얻을 수 있었습니다.

이외에도 성호르몬 수치 증가, 스트레스에 대한 저항력 증가, 우울증 감소 등 햇빛 요법은 치료 범위가 가장 넓고 강력한 천연 치료법으로 여겨졌습니다. 이 정도면 만병통치약에 가깝다는 생각이 들지 않습니까? 그러나 안타깝게도 1960년대에 제약회사에 의해 여러 가지 약이 개발되고 유통되면서 햇빛의 치유력은 점차 잊혀지게 되었습니다. 급기야 화장품 회사와 제약회사의 마케팅이 본격화되면서 대중들은 햇빛을 쬐는 것은 노화와 피부암을 부르는 어리석은 짓이란 인식을 상식처럼 가지게 됩니다.

물론 한여름 햇빛처럼 강한 자외선에 노출되었을 때 피부가 어느 정도 손상되는 것은 사실입니다. 그러나 햇빛을 쬐지 않는 것은 몸과 마음의 건강에 치명적인 결과를 초래할 수 있다는 것을 알아야 합니다. 단언컨대 햇빛은 우리가 차단하거나 피해야 할 존재가 아닙니다. 우리가 건강을 유지하기 위해 실천해야 할 가장 중요한 요소 중의 하나가 햇빛 쬐기라는 사실을 꼭 기억하시기 바랍니다.

햇빛을 차단한 축사에서 가축을 기르면 아주 빠른 속도로 살이 찌는 것을 볼 수 있는데 이것은 사람에게도 똑같이 적용될 수 있다고 합니다. 태양을 멀리하는 사람은 누구든 몸이 약해지고, 그 결과 정신적, 육체적인 면에서 문제가 생길 가능성이 높습니다. 그런 사람은 머지않아 활력이 감소하고 삶의 질이 떨어질 수 밖에 없겠죠. 노르웨이나 핀란드 같은 위도가 높은 북유럽 국가에는 낮에도 해가 잘 보이지 않는 극야 현상이 몇 달씩 나타납니다. 이런 시기에 신경과민, 피로, 불면증, 우울감을 호소하는 환자들이 급증한다고 합니다. 살을 빼고 싶거나 건강을 유지하고 싶다면 피부를 주기적으로 태양에 노출시켜야 합니다.

햇빛 + 운동, 최고의 시너지를 이끌어낸다

운동과 햇빛은 둘 다 건강 유지를 위해 핵심적인 것들입니다. 운동 하나만으로도 우리의 신체와 정서에 매우 긍정적인 효과를 줄 수 있지만, 햇빛 아래에서 운동하는 것이 훨씬 더 나은 이유를 말씀드리겠습니다. 실내에서 러닝머신을 뛰는 것과 야외에서 햇빛을 받으며 뛰는 것을 예로 들어보겠습니다.

러닝머신(햇빛 없음)	야외 조깅(햇빛 쬘 수 있음)
사방이 막힌 곳에서 제자리를 뛰므로 지루함을 느끼기도 한다.	주위 풍경을 보며 뛸 수 있어서 지루함이 적다.
수동적으로 운동하는 구조이다. 돌아가는 엔진에 우리의 뜀박질 속도를 맞추어야 한다.	사람이 스스로 속도를 조절할 수 있다. 능동적이며 자율적이다.
쉼 없이 돌아가는 매트에 집중하지 않으면 넘어져 부상 위험이 있다.	안전이 담보된 조깅코스나 운동장에서 뛴다면 다치거나 치명적인 위험요소가 거의 없다.
매트 바닥과 실내에서 일어나는 미세먼지를 흡입하게 된다.	햇빛을 쬘 수 있으므로 운동효과와 더불어 비타민D가 생성된다.

미세먼지와 비바람이 부는 날씨만 아니라면 야외에서의 신체활동이 가장 이상적인 운동입니다. 햇빛을 받으며 하는 야외운동은 우리에게 육체적 활력뿐만 아니라 정서적 안정감도 가져다줍니다. 어쩌면 실내 운동은 바닥에 쌓인 먼지와 땀으로 범벅된 운동기구의 박테리아들로 인해 건강증진에 역효과를 낼 수도 있습니다. 불특정 다수가 이용하는 실내 운동시설보다는 휴대폰에 분위기 좋은 음악 몇 곡 담아서 동네 공원이나 근처 운동장을 한번 찾아보시길 권합니다.

비타민D가 부족합니다.

질병관리본부에서 매년 발표하는 국민건강영양조사에 따르면 10명 중 9명이 비타민D 부족 상태인 것으로 나타났습니다. 더구나 젊은 여성(19~39세)의 비타민D 결핍이 65세 이상보다 2배 이상 높다고 하니 걱정입니다.

젊은 여성분들에게 비타민D 겹핍 현상이 나타나는 가장 큰 이유는 햇빛을 거의 쬐지 않는 생활스타일에 있습니다. 미용에 대한 관심이 높아지고 화장품 회사의 자외선에 대한 과도한 공포 마케팅으로 말미암아 햇빛 노출에 대한 심리적 장벽이 높아진 것이죠. 아무래도 이러한 거부감이 비타민D 겹핍을 부르는 가장 큰 원인 중 하나가 아닌가 싶습니다.

우리 아이들 역시 상황이 다르지 않아서 피부를 햇빛에 내어놓기를 상당히 꺼려합니다. 그나마 학교에서 일주일에 2~3시간의 체육수업이 주어져 햇빛을 만날 기회가 있지만 선크림을 빈틈없이 발라대는 통에 햇빛이 피부에 닿을 틈이 없습니다. 이 글을 읽는 분 중에도 거의 4계절 모두 '선크림'을 챙겨 바르는 분이 계실 것입니다. 선크림이 아니더라도 자외선 차단 기능이 기본으로 들어간 화장품으로 겹겹이 피부를 덮고들 계시죠? 하얗고 뽀얀 피부를 건강보다 우선하는 본말이 전도된 안타까운 상황입니다.

앞서 말씀드린 바와 같이 햇빛에 피부를 노출시킨다는 것에 거부감을 가지는 분이 많습니다. 피부가 상하고 노화를 부른다고 생각하기 때문입니다. 비타민D의 중요성을 알고 있는 분들조차 선뜻 햇빛에 피부를 내어놓기를 망설이는 이유입니다.

햇빛을 쬐어야 키가 큰다!

첫째, 햇빛 쬐기는 키성장에 필수입니다. 비타민D는 햇빛 속에 포함된 자외선이 피부에 닿아 멜라닌 세포 내로 흡수되어 피부 속의 콜레스테롤과 반응하여 생성된다고 합니다. 매일 영양제를 챙기거나 병원을 찾아 주사를 맞는 것보다 훨씬 간편하고 자연스러운 방법입니다. 이렇게 형성된 비타민D는 뼈 건강과도 상당한 연관이 있는데요, 비타민D는 칼슘과 인의 흡수를 도와 뼈를 튼튼하게 하는 역할을 하기 때문입니다. 비타민D가 부족해지면 뼈와 관련된 질병들이 생기는데요, 골다공증, 구루병, 관절염 등이 그것입니다. 햇빛 쬐기가 부족하면 한창 성장기에 있는 우리 아이들의 뼈 성장에 악영향을 미칠 수도 있습니다. 햇빛을 충분히 쬐어주어야 뼈 성장이 원활하게 일어나 키도 쑥쑥 큰다는 것을 명심해야 합니다.

둘째, 햇빛 쬐기는 정신건강에도 도움을 줍니다. 앞서 언급한 '계절성 우울증'이라는 것이 있습니다. 일조량이 감소하는 시기에 우울증 환자가 급증하는 현상을 말합니다. 계절적으로 해가 뜨지 않는 고위도 지역뿐만 아니라 장마철이나 겨울철에 우울증 환자가 급증하는 것입니다. 미국 내분비학회(ENDO)의 연구에 따르면 우울증을 호소하는 대부분의 환자들은 비타민D가 부족했으며 비타민D 부족 현상을 해소해주자 동시에 우울증 증상도 호전되었다고 합니다. 햇빛이 정신건강까지 챙겨주는군요.

그 밖에도 건강에 미치는 혜택을 나열해 보겠습니다. 치매라고 하면 남의 이야기, 혹은 가늠하기 힘든 먼 미래의 이야기 같으시죠? 그러나 초고령화 사회에 접어든 이상 누구나 치매 위험에서 자유로울 수 없는데요, 비타민D가 치매의 위험을 줄여준다고 합니다. 연구결과 비타민D가 부족한 사람은 알츠하이머성 치매의 위험이 2배 이상 높다고 합니다. 비타민D는 알츠하이머성 치매를 유발하는 독성 단백질인 '베타 아밀로이드'를 뇌신경세포로부터 제거하는 것으로 알려져 있습니다. 우리 아이들 뿐만 아니라 60대 이상 부모님께도 햇빛 쬐기를 권해야 하는 이유입니다. 그 밖에도 여러 연구결과에 따르면 혈중 비타민D 수치가 높은 여성은 유방암 발병 위험이 30%나 낮았고 체내 염증물질이 줄어드는 현상으로 말미암아 심혈관 질환과 당뇨병 발병을 각각 30%, 75%나 낮추어 주었습니다. 이미 역할을 다하신 분들도 계시겠지만 비타민D는 자연분만의 가능성도 높여준다고 합니다.

비타민D 수치가 낮은 여성의 경우 제왕절개 수술 비율이 28%였지만 정상범위의 비타민D 수치를 보이는 여성은 제왕절개 수술로 출산하는 비율이 14%에 그쳤다고 합니다. 이쯤 되면 비타민D가 주는 혜택은 만병통치약에 가깝다고 볼 수 있을 것 같습니다.

얘들아 선크림 좀…

운동장 수업을 주로 하는 저는 하늘이 맑은 날이면 눈호강을 아주 실컷 누릴 수 있습니다. 오전부터 오후까지 수업시간에 틈날 때 하늘을 올려다보게 되는데도 볼 때마다 새롭고 질리지 않습니다.

수업에 앞서 학생들에게 '얘들아 하늘 한번 보고 시작할까?'하면 곧 '우와~' 탄성이 터져 나옵니다. 그런데 이렇게 하늘을 감상하는 걸 좋아하는 우리 아이들이 햇살 아래로 가는 건 너무 무서워합니다. 운동장 수업을 할 때는 남학생이건 여학생이건 선크림은 꼭 바르고 나옵니다.

햇빛에 그을리지 않은 뽀얀 피부톤은 언젠가부터 우리 청소년들이 갖추어야 할 미의 덕목 중 하나가 되었죠. 한창 외모에 관심을 가지고 꾸미길 즐겨할 나이인 것은 인정합니다. 그러나 햇빛이 주는 수많은 고마운 혜택도 알아줬으면 좋겠습니다.

대항해 시대와
비타민

. . .

비타민(vitamin)의 어원은 생명력이란 뜻의 Vital에서 유래했는데요, 비타민이 결핍되면 생명과 직결되어 치명적 결과를 초래할 수도 있기 때문입니다. 과거 15세기 초~18세기 중반에 걸쳐 유럽의 배들이 전 세계를 돌아다니며 항로를 개척하고 탐험과 무역을 하던 시절이 있었습니다. 이름하여 대항해 시대라고 하는데요, 한번 배를 띄우면 수개월에 걸쳐 바다 위에만 있기에 소금에 절인 고기와 말린 콩 수프가 주식이었습니다.

그런데 항해 기간이 길어질수록 선원들이 알 수 없는 이유로 시름시름 앓기 시작했습니다. 잇몸병으로 인해 치아가 빠지고 무기력증과 열병에 걸리는가 하면, 감기몸살과 같은 근육통에 괴로워하다가 결국 몇 주 뒤에는 폐렴이나 신장 질병 등의 합병증으로 사망에 이르는 경우가 허다했습니다. 마치 공포 영화의 좀비처럼 말이죠. 그렇지만 식량과 식수의 보충을 위해 항구에 들러 육지에서 나는 음식을 환자들에게 먹이면 이런 증세는 씻은 듯이 나았습니다. 항구에 들러 주로 보충하는 음식은 바로 신선한 야채와 과일이었습니다. 예상대로 비타민이 결정적 역할을 한 것입니다. 비타민의 어원이 왜 '생명력'에서 유래했는지 그 이유를 알 것 같습니다.

단짠의 유혹

음식이 가진 다섯 가지 맛을 가리켜 오미(五味)라고 하지요. 단맛인 감미(甘味), 짠맛인 함미(鹹味), 매운맛인 신미(辛味), 신맛인 산미(酸味), 쓴맛인 고미(苦味)가 그것인데요, (사실 매운맛은 맛이 아니라 통증이긴 하지만 과거부터 통상 '맛'으로 여겨지고 있습니다.) 여러분은 어떤 맛을 선호할지 모르겠지만 요즘 음식의 트렌드는 '단짠' 즉 단맛과 짠맛이 주도하는 것 같습니다.

단맛

개인의 취향에 따라 좋아하고 싫어하는 음식은 다양합니다. 그런데 거의 모든 사람들이 좋아하고 즐기는 맛이 있어요. 특히나 어린이와 청소년들의 강력한 지지를 받는 그 맛은 무엇일까요? 예상하셨듯이 바로 단맛입니다. 동서양을 막론하고 단맛을 싫어하는 민족은 거의 없으며 인류뿐만 아니라 동물들도 거의 모든 개체들이 단맛을 탐하는 경향이 있습니다. 벌은 미스터리 한 능력을 동원하여 꽃가루와 꿀을 얻어내고 곰은 온몸으로 벌침 공격을 감내하며 벌통을 뒤져 고진감래를 실천해 보입니다. 땅바닥에 쏟아진 탄산음료 주위로 몰려드는 개미떼 역시 이러한 예에 해당하겠지요?

우리나라에서 '달다'라는 표현은 '맛있다'라는 뜻과 통합니다. '달콤하다'라는 말은 '감미롭고 편안하고 포근하다'라는 호의적인 의미를 담고 있습니다. 서양의 'sweet'라는 단어 역시 sweetheart(사랑하는 사람, 애인), sweetie(호감 가는 사람), sweet dream('잘 자'라는 인사) 등 대부분 긍정적이고 따뜻한 의미를 품고 있습니다.

이렇듯 거의 모든 문화권에서 단맛을 배척하거나 부정하는 곳은 없습니다. 그렇다면 인간과 동물을 막론하고 지구 상의 수많은 개체가 왜 단맛에 열광할까요? 단맛이 나는 음식에는 '당분'이란 것이 들어있는데 이 당분은 우리 몸 곳곳에 에너지로 사용됩니다. 즉 생명을 유지하고 살아가기 위한 본능적인 '끌림'인 것입니다.

설탕을 덜 먹어야 하는 이유

스트레스받는 일이 있거나 우울할 때 어떻게 대처하세요? 달달한 커피와 마카롱 어떠세요? 저는 생각만으로 군침 도는데요, 그래도 저는 참을 겁니다. 왜냐하면 먹는 순간은 즐겁겠지만 먹고 나면 기분이 더 처질 것이 분명하니까요. 우리의 입맛을 사로잡고 있는 설탕은 생각보다 우리 생활 중에 깊이 침투해 있습니다.

미국의 건강 전문기자인 게리 타우브스^{Gary Taubes}는 그의 저서 〈설탕을 고발한다, The case against sugar〉에서 설탕이 현 사회에 미친 부작용과 폐해를 다양한 예를 들어 설명하고 있습니다. 우선 설탕은 비만을 초래하는 강력한 독성물질입니다. 비만과 당뇨를 일으키고 고혈압과 심장질환에까지 악영향을 미치는 백해무익한 물질입니다. 다만 혀만 즐거울 수 있습니다. 수백 건이 넘는 논문과 연구결과가 그 근거이며 각국의 건강관리부처와 의사 등 전문가들이 말하는 사실 그 자체입니다. 그러나 과도한 설탕 섭취 실태와 위험성은 최근 여러 관련 도서와 방송매체를 통해 공론화되고 있지만 대중들은 아직 이러한 경고에 눈뜨지 못하는 것 같습니다. 그러면 구체적으로 무엇이 그렇게 안 좋길래 호들갑을 떠는지 한번 살펴보겠습니다.

첫째, 소화·흡수되는 속도가 너무 빠릅니다. 소화·흡수가 빠른 것이 무슨 문제일까요? 흡수가 빠르면 혈당이 급격하게 치솟기에 문제가 됩니다. 이러한 현상을 '혈당 스파이크'라고 하는데 이렇게 급격하게 높아진 혈당을 낮추기 위해 췌장에서 인슐린이 자동적으로 분비됩니다. 인슐린은 혈액 속의 당을 각각의 세포에 집어넣어주는 역할을 하는데, 이러한 역할을 충실히 수행하고 나면 일시적인 저혈당이 초래됩니다.

저혈당이 되면 허기가 몰려오게 되고 혈당을 올려줄 단것을 갈망하게 되면서 악순환이 시작됩니다. 이러한 과정이 지속되고 습관화되면 인슐린 생산 세포의 피로가 누적되고 결국 인슐린 분비체계가 손상되어 당뇨병에 이르게 됩니다. 혈당을 급격히 올리는 설탕이 위험한 이유입니다.

설탕 섭취 → 급격한 혈당 상승 → 인슐린에 의한 혈당저하 → 저혈당 상태의 허기와 설탕 갈망 → 또다시 설탕 섭취……

둘째, '담배, 알코올, 마약, 게임, 쇼핑', 이것들의 공통점이 무엇일까요? 그렇습니다. 중독입니다. 중독되었을 때의 해악은 이미 누구나 명백히 잘 알고 있지만 끊어내기가 쉽지 않은 것이 사실입니다. 그런데 설탕도 중독성을 지니고 있다는 사실 알고 계셨나요? 점심식사 후 노곤함을 느낄 때 혹은 집중력이 떨어지는 오후 무렵 달달한 음료나 과자 등을 찾아본 경험 있으실 겁니다. 혹은 식사를 막 끝내고 나서 분명 배는 부른데 뭔가 허전함을 느껴 달콤한 디저트를 챙겨 먹기도 합니다. 이런 증상이 전형적인 설탕중독에 해당합니다. 사실 우리가 일상적으로 섭취하는 반찬 등에도 이미 상당량의 설탕이 들어가 있습니다. 우리도 모르는 사이에 달콤한 맛에 길들여진 우리의 몸은 지속적으로 설탕을 갈구하게 되는 것입니다.

런던이 정크푸드 광고를 퇴출한 이유

정크푸드의 주요 재료 중 하나인 설탕의 민낯을 고발합니다. 최근 영국 정부는 런던 내 모든 대중교통에서 광고되고 있는 초콜릿바와 치즈버거 등 정크푸드의 광고를 퇴출하기로 결정했습니다. 비만 인구가 점점 늘어나고 국민 건강에 악영향을 주어 이들을 치료하는데 사회적 손실이 크기 때문입니다. 설탕은 비만을 부르는 강력한 중독 물질입니다.

그러면 우리는 무엇을 해야 할까요? 커피는 블랙으로 드시고요. 시럽이나 설탕은 넣지 마세요. 간식으로 과자나 사탕은 그만 드세요. 대신 아몬드와 같은 견과류, 카카오 함량이 높은 다크 초콜릿, 과일, 무설탕 플레인 요거트 등을 권합니다. 요리를 할 때에는 하는 수 없이 단맛을 내는 그 무엇을 넣어야 합니다. 이럴 때는 익으면 천연 단맛이 나는 양파를 갈아 넣으면 달달한 맛이 은근히 올라옵니다. 그래도 단맛이 부족하다면 키위나 사과, 배를 갈아 넣는 방법도 좋습니다. 대체식품으로 자일리톨이나 꿀의 사용도 권해드립니다. 사실 입맛이라는 것이 길들이기 나름인 것 같습니다. 자녀가 아직 어리다면 지금부터라도 최대한 설탕에 노출되지 않도록 키우는 게 좋겠습니다. 재료 본연의 맛을 느끼고 음미할 수 있는 기회를 박탈하지 않으시기를 바랍니다.

설탕은 넣지 않았지만 과당은 이미 충분합니다

똑똑한 소비자들은 설탕 섭취가 해롭다는 것쯤은 잘 알고 있습니다. 그래서 식품제조업체는 '무설탕'과 '제로 칼로리'라는 문구를 마케팅에 적극 활용하여 소비자를 현혹하기 시작했습니다. 과일주스에 주로 쓰이는 '무가당'이란 말을 한번 생각해볼까요? '당을 첨가하지 않았다'라는 뜻인데 이 말은 눈 가리고 아웅에 가깝습니다. 왜냐하면 과일에는 애초부터 이미 상당한 양의 당이 들어 있기 때문입니다. 따라서 과일주스에 굳이 설탕을 더하지 않더라도 충분히 달콤한 맛을 낼수 있습니다. 그리고 그들은 설탕이 아닐 뿐 단맛을 내는 각종 시럽과 올리고당, 액상과당과 같은 제3의 성분을 첨가하는 경우도 있습니다. 무가당 오렌지 주스 200ml 한 잔에는 약 20g의 당이 들어 있고 이것은 각설탕 7개와 맞먹는 양입니다.

제로 칼로리의 코카콜라가 가능한 이유

강력한 단맛을 내며 칼로리조차 없는 마법의 인공감미료가 있습니다. 무려 설탕보다 200배의 단맛을 지닌 아스파탐, 사카린, 수크랄로스 등이 그것인데 덕분에 살찔 걱정으로부터 자유로워진 콜라 마니아로부터 열렬한 지지를 받으며 제로칼로리 콜라가 탄생할 수 있었습니다. 이들 물질은 칼로리가 없거나 매우 낮아 살이 찌지 않는다는 장점이 있지만 화학물질로서 그 안전성 논란이 끊이지 않고 있으므로 우리 아이들에게 함부로 먹여서는 곤란합니다. '무가당'과 '제로칼로리' 등의 눈 가리고 아웅 식의 행태에 속지 말고 현명한 소비자가 되기를 바랍니다. 식품 봉지 등에 고지되어 있는 '영양정보'를 꼼꼼히 보는 것도 도움이 되리라 생각합니다.

짠맛

짠맛은 음식재료가 가진 맛을 북돋워주는 기능을 합니다. 성경에 '빛과 소금'으로 표현될 만큼 귀중한 의미를 지니며 실제로 인체의 신경 자극 전달, 근육 수축, 영양소의 흡수와 수송, 혈액량과 혈압의 유지 등 생명활동에 필수적인 식품입니다.

소금과 관련된 우리 역사 이야기가 있습니다. 소금은 광해군이 왕위에 오르는데 큰 역할을 했다고 합니다. 조선시대에 선조가 세자 책봉에 대한 고민을 하다가 왕자들을 불러놓고 일종의 '단체 면접'을 보았습니다. '세상의 가장 맛있는 음식이 무엇이냐?'는 질문에 다른 왕자들은 '고기'나 '떡'을 들었지만 광해군은 '소금'이라고 대답했습니다. 선조가 그 이유를 묻자 '아무리 맛 좋은 산해진미도 소금이 없으면 백 가지의 맛을 이루지 못하기 때문입니다'라고 대답하여 선조를 흡족하게 했다고 합니다. 광해군은 후궁의 소생으로 세자 책봉에 불리한 위치였지만 결국 조선 15대 왕에 오르게 됩니다.

달콤한 음식에
무장해제되는 아이들

　저의 첫째 딸이 초등학교 2학년에 올라가던 해에 제가 반년 동안 육아휴직을 했었는데요, 어느 날 호기심이 일어 빵 만들기에 도전했습니다. '빵 같은 빵'을 만들어내려면 정확한 비율과 무게를 꼭 지켜야 한다는 유튜브의 레시피를 보며 계량컵과 저울까지 갖추고 도전을 했습니다. 그런데 권장량만큼 설탕을 부어 넣으려니 '이게 이렇게나 많이 들어가나?'하고 의심이 드는 겁니다. 그래서 '조금 싱겁더라도 건강하게 먹자'라는 생각으로 권장량의 반만 넣었습니다. 그런데 나중에 맛을 보니 빵이 너무 맛이 없는 겁니다. 시중에 판매하는 빵의 감칠맛과 달콤함이 전혀 나지 않았습니다. 그날 이후로 시중에 판매하는 빵에 설탕이 얼마나 들어갔을까 싶어서 잘 안 사 먹게 되더라구요. 그래도 어쩔 수 없이 빵을 먹게 될 일이 있으면 달콤한 종류의 빵 대신 바게트나 곡물빵을 먹는 선에서 타협하고 있습니다.

　제가 빵을 예로 들었지만 설탕이 들어가지 않은 음식은 거의 없습니다. 위에서 말했듯이 인간은 본능적으로 단맛을 '맛이 좋다'라고 느끼기 때문에 과자는 물론이고 식탁에 오르는 요리와 반찬에도 설탕은 기본 재료로 쓰입니다. 따라서 여러 음식들을 통해 자연스럽게 설탕을 상당량 섭취하게 됩니다. 그런데 후식과 간식으로 빵이나 과자, 시럽이 들어간 커피, 탄산음료 등을 먹는다면 세계보건기구[WHO]에서 권장하고 있는 일일 설탕 섭취량인 50g은 훌쩍 넘어갈 겁니다.

어느 정도인지 감이 안 온다고요? 탄산음료 250ml 1캔이 보통 30g 가까이 되고요. 앙금이나 크림이 들어 있는 빵 한 덩이(100g) 역시 30g 내외로, 일일 섭취량의 반이 넘는 수치입니다.

지난여름 유행하던 흑당 음료의 평균 당 함유량이 40g이란 기사를 본 적이 있는데 각설탕 14개에 해당하는 양이라고 합니다. 단 한잔에 말입니다. 판매처에서는 흑당은 제조과정이 달라 백설탕보다 몸에 좋다고 광고하지만 전문가들에 의하면 '흑당' 역시 우리 몸속에서 작용하는 기전은 백설탕과 동일하다고 합니다. 건강을 위협하기는 매 한 가지인 것입니다. 조각 케이크, 시럽이 첨가된 음료 한두 잔이면 일일 권장 섭취량은 이미 초과했습니다. 걱정스러운 것은 우리 아이들이 학원 가기 전 친구들과 편의점에 들러 사 먹는 대부분의 간식에 설탕이 과하게 첨가되어 있다는 것입니다. 우리 아이들이 의젓하고 듬직해 보이는데 달콤한 음식 앞에서는 어린아이처럼 무장해제되는 경우가 많습니다. 아이들이 현명하게 간식을 선택할 수 있도록 부모님께서 설탕의 해악과 부작용을 알려주셔야 합니다. 몰랐을 때는 어쩔 수 없다 하더라도 알면서도 먹일 수는 없지 않습니까?

혈당 롤러코스터

당뇨환자의 급격한 증가 추세

우리나라 비만 인구가 늘어나면서 당뇨병 환자가 과거와 비교할 수 없을 만큼 크게 늘어나고 있습니다. 대한당뇨병학회가 지난 2018년 발표한 자료에 의하면 30세 이상 성인 7명 중 1명(14.2%)이, 65세 이상 성인에서는 10명 중 3명(29.8%)이 당뇨병에 고통받고 있으며 만 18세 미만의 소아당뇨 비율이 2006년부터 2015년까지 9년간 무려 31%나 증가했다고 합니다.

혈당 롤러코스터, 사정없이 오르락내리락

공복 상태에서 음식물을 먹으면 혈당이 무섭게 치솟다가 시간이 지나면 다시 급속히 떨어지는 증상을 혈당 롤러코스터라고 하는데 당뇨 전문가인 내분비내과 의사들은 혈당 롤러코스터가 우리 몸을 야금야금 갉아먹는 매우 위험한 현상이라고 입을 모아 말합니다. 우리 몸의 혈당은 60~100이라는 아주 좁은 범위를 유지하려는 시스템이 가동 중입니다. 왜냐하면 고혈당이 장시간 유지되면 몸속의 장기가 손상을 입게 되기 때문입니다. 따라서 췌장에서 인슐린이 분비되는 방식으로 즉각적인 조절 시스템이 작동하게 되는 것입니다. 그런데 문제는 너무 자주 혈당이 높아지는 경우입니다. 높아진 혈당을 빨리 끌어내리려고 끊임없이 췌장이 과로를 해야 하니 결국 고장 날 수 밖에 없는 것이죠. 이것이 당뇨병의 시작인 것입니다. 식사 직후에도 포만감을 느끼지 못하고 달콤한 간식을 찾게 된다거나, 공복 상황에서 기분이 가라앉아 또다시 단 것을 찾게 되는 증상이 있다면 '혈당 롤러코스터'를 의심해볼 필요가 있습니다.

건강검진에서 말하는 '혈당 정상'을 믿으면 안 되는 이유

2017년 국내 연구팀에 의해 발표된 논문에 의하면 건강검진에서 정상 판정을 받은 당뇨가 없는 성인 5,703명을 12년 동안 추적 조사해보았더니 593명(10.3%)이 추가로 당뇨병 진단을 받았습니다. 건강검진 때 측정한 공복혈당이 '정상' 범위에 속한다고 해서 당뇨로부터 안전한 것이 아니라는 것을 의미합니다.

최근 연구에 의하면 당뇨병을 예측하는 가장 신뢰할 수 있는 지표는 식후 1시간의 혈당이었는데요, 건강검진에서 정상 범위에 들더라도 식후 1시간 혈당이 145mg/dl 이상인 사람은 당뇨병에 걸릴 확률이 2.84배나 높았습니다. 건강검진에서 측정하는 혈당은 보통 전날 저녁식사 이후 반나절 가까운 꽤 오랜 시간 공복을 유지한 후 측정하므로 잠재적 당뇨환자조차 혈당이 정상으로 나올 확률이 매우 높다는 것입니다. 사실상 이렇게 재는 공복혈당은 의미가 없다고 볼 수 있습니다. 건강검진의 혈당이 정상이더라도 안심할 수 없는 이유입니다. 다음에서 혈당 롤러코스터 대처법을 참고하세요.

1. 지방 섭취를 두려워 말라

지방 섭취의 양을 늘리는 것이 혈당 조절에 도움이 됩니다. 왜냐하면 혈당을 올리는 주범인 탄수화물의 섭취 비율을 줄일 수 있기 때문입니다. 게다가 지방은 포도당의 흡수를 방해하는 작용을 합니다. 지방은 소화, 흡수될 때 포도당과 같은 길을 이용하기 때문입니다. 둘이서 한 길을 가다 보니 자연히 포도당의 흡수 속도는 떨어질 수 밖에 없겠죠.

2. 혈당지수 낮은 음식을 찾아라

같은 탄수화물이라도 혈당 지수가 높고 낮은 것이 따로 있습니다. 밥을 지으실 때 현미와 같은 잡곡을 섞고, 빵을 먹는다면 통밀로 만든 거친 빵을 선택해야 합니다.

혈당지수가 낮은 식품	혈당지수가 높은 식품
요구르트(14), 콩(18), 우유(27), 배(36), 사과(37), 토마토(38), 오렌지(43), 혼합잡곡(45)	설탕(92) 식빵(85),쌀밥(83), 떡(82), 도넛(76),꿀(73) 팝콘(72), 수박(72)

*( )안은 혈당지수

3. 과일 적게 먹기, 과당의 새로운 해석이 필요하다.

오렌지에 붙은 블랙라벨은 프리미엄의 상징입니다. 다른 오렌지보다 당도 검사에서 월등히 높아 '고당도' 인증을 받아낸 자랑스러운 표식입니다. 시장에서도 더 비싼 몸값을 자랑합니다. 그런데 이렇게 더 비싸고 프리미엄이 붙어있으니 몸에도 더 좋은 걸까요? 이러한 고당도 과일은 별로 추천할 만한 식품이 아닙니다. 고당도 과일일수록 당분 함량이 높기 때문입니다. 따라서 과도한 과일 섭취는 피하는 것이 좋습니다. 이제 과일은 무조건 몸에 좋다는 생각에서 벗어나야 합니다. 과도한 과일 섭취는 혈당 스파이크를 부르는 독이 될 수 있습니다. 과일음료도 마찬가지입니다. 건강을 위해 과일 음료수를 아이에게 챙겨 주는 일은 아주 위험한 일이 될 수 있습니다. 과일음료는 몸에 좋은 섬유질은 다 버리고 혈당을 올리는 과당에 설탕까지 더한 안 좋은 음식입니다. 더불어 탄산음료, 올리고당 첨가 음료, 스포츠음료 또한 영양소 없이 과당만을 즉각적으로 공급하므로 혈당 롤러코스터를 부르는 식품임을 알려드립니다.

4. 섬유질 많이 먹기

섬유질을 충분히 섭취하면 식후 혈당이 서서히 오르기 때문에 인슐린의 분비량도 줄어드는 효과를 볼 수 있습니다. 마치 탄수화물 대신 지방질을 많이 먹을 때의 효과와 비슷합니다. 다만 보통의 아이들이 섬유질이 많은 야채 등을 좋아하지 않는 것이 문제입니다. 아이의 식습관은 부모님이 챙겨주는 것에 따라 형성되기 나름입니다. 부모님의 건투를 빕니다.

5. 식후 가만히 앉아있지 않기

역시 빠질 수 없죠. 궁극적인 해결책 중 하나! 운동입니다. 식후 가벼운 걷기 만으로 혈당의 급상승을 막을 수 있습니다. 특별한 기술이나 기구 없이 시간과 장소의 제약도 적은 편이므로 편하게 실천할 수 있으리라 생각합니다. 당뇨 관련 연구 사례를 살펴보았더니 30분 정도의 중강도 걷기 운동을 식사 후 30분 안에 해주었더니 혈당이 완만한 곡선을 그리며 안정적으로 올라가는 것을 확인할 수 있었습니다. 그리고 운동을 하면 포도당의 분해 속도가 빨라져 핏속에 남아도는 혈당이 줄어들게 된다고 합니다. 그대로 두었다면 지방으로 저장될 뻔했던 남아도는 당분을 가벼운 식후 걷기로 태워버린 것입니다. 역시 운동이 빠지면 안 되겠죠?

칭찬 사탕,
어떻게 생각하세요?

우리 어린이들과 청소년들은 간식류와 과자들을 상당히 좋아합니다. 제가 근무하는 중학교에서도 마찬가지입니다. 교내에서는 과자류를 못 먹게 하는데도 몰래 들여와서 먹는 경우가 비일비재합니다. '아침도 제대로 못 챙겨 먹는데…… 공부한다고 힘들 테니……'하며 알면서도 모르는 척 넘어가 준 적이 저도 몇 번은 되는 것 같습니다. 그런데 교사가 학생들에게 칭찬의 의미로 손에 쥐어주는 사탕이며 과자 등이 어느 순간부터 걱정되기 시작했습니다.

하루는 초등학교 3학년인 저의 큰 딸이 손바닥만 한 비닐봉지에 가득 담긴 사탕을 가져와서 자랑하더군요. 가지각색의 사탕과 젤리가 들어 있었습니다. 꽤 많은 양이길래 어디서 났냐고 물어보니 학교와 학원에서 선생님들로부터 받은 걸 모은 거라고 합니다. 그 많은 사탕을 받을 때마다 다 까먹지 않은 게 다행스럽기도 했고 결국 저걸 다 먹는다 생각하니 아찔하기도 하였습니다. 저는 꾀를 내어 딸과의 빅딜에 성공했습니다. 사탕 하나에 몇백 원씩 쳐서 용돈을 주고 그 사탕을 제가 다 사 버린 거죠. 그리고는 그 사탕들은 딸아이 몰래 버렸습니다. 버리기가 아까워 학교에서 칭찬 사탕으로 활용할까 생각하였지만 그만두었습니다.

사실 제 주위의 선생님들도 아이들에게 과자나 사탕, 젤리 등을 많이 줍니다. 심부름을 하거나 수업 미션을 달성했을 때와 같이 좋은 태도와 행동을 강화할 목적으로 사용하시는 거지요. 이런 상황이 반복되다 보니 단 것을 주지 않으면 아이들의 동기를 불러일으키기도 힘들고 행동을 강화하기도 어려워집니다.

작은 칭찬에도 뿌듯함과 보람을 느끼며 내면의 기쁨을 맛보아야 할 텐데 입속에 들어갈 달달한 '칭찬 사탕'이 그런 소박한 기쁨을 앗아 간 것이 아닌가 싶어 아쉬운 마음이 듭니다. 이젠 '칭찬 사탕'이 일상화되어 조그만 심부름을 하거나 칭찬을 들을 상황이 되면 아이들이 먼저 '선생님 뭐 없어요?'라며 노골적으로 단 것을 내어 놓으라고 압박합니다. 사탕 없이는 수업도 힘들고 통제도 어려운 상황이 되니 선생님들은 너도나도 사탕을 뿌리지 않을 수가 없게 되었습니다.

칭찬 사탕, 이대로 괜찮을까요?

가짜 배고픔과
에리직톤의 저주

·
·
·

그리스 신화 속에 에리직톤^{Erysichton}은 곡물의 여신 데메테르^{Demeter}가 아끼는 나무를 도끼로 잘라낸 죄로 큰 벌을 받게 됩니다. 그것은 끝없는 배고픔을 느끼게 되는 저주였습니다. 아무리 먹어도 그의 허기는 채워지지 않았고 팔 수 있는 모든 것을 처분하여 먹을 것을 구하는데 써야만 했습니다. 하나밖에 없는 외동딸 조차 몇 덩이의 먹을 것과 바꾸어 버리는 지경에 이릅니다. 결국 그는 자신의 몸을 스스로 먹어치워 죽음에 이르고서야 끔찍한 저주로부터 벗어나게 됩니다.

혹시 '가짜 배고픔'이라는 말 들어보셨나요? 에리직톤의 형벌에 비할 바는 아니겠으나 현대 사회의 많은 분들이 겪고 있는 현상입니다. 식사 후, 분명 배는 부른데 만족스럽지 않고 뭔가 알 수 없는 허전함을 느낍니다. 몸이 시키는 대로 짭조름한 과자와 달달한 커피로 마무리를 하지만 이내 후회가 밀려옵니다. 많은 분들이 이런 가짜 배고픔에 속고 있습니다. 스트레스 호르몬인 코르티솔 역시 가짜 배고픔을 유발합니다. 별생각이 없다가도 스트레스를 받게 되면 매콤하거나 달고 짠 그 무언가를 갈구하는 모습이 그런 상황에 해당합니다. 우리의 몸은 에너지로 쓰일 열량이 부족하면 허기를 느끼는 신호를 만들어 음식물 섭취를 유도합니다. 지극히 정상적인 진짜 배고픔입니다.

그런데 에너지를 낼 열량이 몸에 충분히 있는데도 허기를 느끼는 신호를 보내는 경우가 있습니다. 이것이 심리적 배고픔, 즉 가짜 배고픔입니다. '내가 느끼는 지금의 이 배고픔이 진짜 허기인지, 아니면 심리적인 가짜 배고픔인지' 잘 따져보아야 합니다. 현대인들은 피로와 스트레스 상황에 노출되어 가짜 배고픔에 속고 있는 경우가 많습니다.

먹기 위해 사는가 살기 위해 먹는가

적당한 식욕과 맛있는 음식은 즐거운 삶을 위한 필수요소가 아닐까요? 맛있는 음식을 보고 향을 맡으며 맛보고 즐기는 것은 오감을 자극하는 가장 원초적인 유희 중 하나입니다. 그러나 과도한 식탐과 미처 태워지지 못하여 쌓이는 칼로리가 현대사회가 풀어 가야 할 가볍지 않은 과제가 되었습니다. 이 시대 우리는 적어도 굶는 걱정을 하고 살지는 않습니다. 오히려 너무 먹어서 남아도는 칼로리 걱정을 하고 있는 것이죠. 식욕과 식탐이 문제입니다. 에리직톤처럼 제 몸을 먹어치우지는 않겠지만, 과도한 식욕으로 인한 과식은 비만의 원인이 되고, 심각한 비만은 다시 여러 가지 질환을 불러일으켜 삶의 질을 극도로 떨어뜨립니다. 그렇다며 식욕은 어떤 과정을 통해 조절되는 것일까요?

식욕을 조절하는 호르몬이 있다고? 렙틴과 그렐린

포만감을 주는 호르몬과 배고픔을 느끼게 하는 호르몬이 따로 있다는 사실 알고 계셨나요? 렙틴^{leptin}과 그렐린^{ghrelin}이 그 주인공입니다. 지방 조직에서 분비되는 렙틴은 포만감을 유발하고 체지방을 일정하게 유지하는 역할을 하는데 우리가 음식을 충분히 섭취하게 되면 렙틴이 분비되어 배부름을 느끼게 됩니다. 이에 우리는 더 이상 과한 칼로리를 섭취하지 않고 식사를 멈추게 됩니다. 렙틴 분비에 문제가 생기면 필요한 칼로리보다 많은 양을 섭취하게 되는 것입니다.

위^{胃}에서 분비되는 그렐린은 배고픔을 유발합니다. 렙틴과는 정반대의 역할을 하는 것입니다. 위가 비어 공복 상태일 때 그렐린이 역할을 시작합니다. 배고픔을 느끼게 하여 음식물을 섭취하게끔 만들고 식사를 하여 위가 음식물로 차면 분비량이 급격히 떨어지게 되죠. 그리고는 뒤이어 포만감을 느끼는 렙틴이 출동을 하는 것입니다. 이렇듯 렙틴과 그렐린은 상호 보완적으로 포만감과 배고픔을 느끼게 합니다. 그런데 이 두 가지의 호르몬을 조절할 수 있다면 다이어트는 식은 죽 먹기가 될 수 도 있다는 생각이 들지 않으세요? 두 가지 호르몬이 어떠한 상황에서 활성화 혹은 비활성화되는지 알려드리겠습니다.

천천히 아주 천천히

'식사를 빨리하는 사람이 살이 찐다.'라는 이야기 들어보셨죠? 그 이유가 렙틴의 분비 속도에 있었습니다. 포만감을 느끼게 하는 렙틴은 식사 시작 후 20분이 지나서야 분비된다고 합니다. 즉 너무 빨리 식사를 하게 되면 렙틴이 분비될 틈이 없으므로 포만감을 느끼지 못하여 필요 이상으로 더 많이 먹게 된다는 이야기입니다.

아침식사로 점심 저녁 폭식을 막는다.

아침식사를 거르는 사람일수록 비만이 될 확률이 높다고 합니다. 아침을 거르게 되면 식욕을 자극하는 그렐린의 농도가 상승하여 과자 등의 간식을 섭취하게 되고 점심과 저녁때 폭식할 가능성이 있기 때문입니다. 따라서 아침을 굶었음에도 오히려 더 많은 칼로리를 섭취하게 되는 것입니다. 아침을 굶어 칼로리를 줄이는 것보다 오히려 그렐린 분비를 억누르기 위해 아침을 적당히 먹어주는 것이 식욕억제와 다이어트에 도움이 됩니다. 더불어 단백질과 식이섬유가 풍부한 음식은 포만감을 줄 뿐만 아니라 그렐린의 분비를 억제하고 렙틴의 분비를 촉진한다고 합니다. 반면 밀가루와 설탕 범벅인 시리얼과 빵으로 구성된 아침식사는 입은 즐겁겠지만 영양학상 최악임을 기억하길 바랍니다.

일찍 잠들기

빨리 잠자리에 드는 것이 그렐린을 이길 수 있는 방법 중 하나입니다. 왜냐하면 그렐린은 식사 후 4~5시간이 경과하면 슬슬 농도가 올라가면서 식욕을 자극하기 시작합니다. 따라서 6~7시쯤 저녁식사를 마쳤다면 10~11시쯤 되면 자연히 허기를 느끼게 되면서 야식을 찾게 되는 것입니다. 야식은 수면의 질도 떨어뜨릴 뿐만 아니라 성장호르몬의 분비도 방해하여 악순환의 스타트 버튼을 누르는 것과 같습니다. 어떤 사람은 배가 고프면 잠이 오지 않는다고 합니다. 너무 늦게까지 깨어 있는 것은 아닌지 돌아보세요. 그래도 안되면 따뜻한 우유 한잔을 권해드립니다.

자주 움직이거나 운동을 한다

운동은 식욕을 누그러 뜨리는 데에도 도움이 됩니다. 운동을 할 때 나오는 엔도르핀이 폭식을 유발하는 코르티솔을 낮추는데 특효를 가지고 있기 때문입니다. 게다가 신체 움직임이 많아지면 식욕을 억제하는 렙틴의 분비가 촉진되기도 합니다. 운동이 쌍방향으로 다이어트를 돕는군요. 포만감을 느끼는 렙틴도 분비하고 잉여 칼로리를 태우는 역할까지 하니까요. 아! 많이 움직이면 소화가 잘되고 오히려 입맛이 돈다는 분들은 예외입니다. 사람은 저마다 다르니까요.

군살을 태울 수 있는 찬스!

가짜 배고픔의 유혹을 떨쳐내야 군살이 빠진다는 사실을 알고 계신가요. '아! 당 떨어져. 당 보충 좀 해야지' 우리가 간식을 집어 들기 전 흔히 하는 말인데요, 혈중 당 농도가 낮아졌다는 것이 신체활동을 위한 열량의 부족을 뜻하는 것은 아니라는 것을 알아야 합니다. 오히려 이 순간만 이겨낸다면 쌓여있는 군살과 지방을 효과적으로 태울 수 있습니다. 위의 경우와 같이 혈당이 떨어지면 우리 몸은 간과 근육에 축적된 탄수화물인 글리코겐을 분해해 에너지원으로 씁니다.

그런데 간과 근육에 저장할 수 있는 양은 얼마 되지 않기 때문에 금세 글리코겐이 고갈됩니다. 그러면 그때부터는 지방을 끌어와 에너지원으로 사용한다는 사실입니다. 바로 이때부터가 몸에 쌓인 지방이 분해되기 시작하는 시점입니다. 그런데 이런 찬스를 살리지 못하고 달콤한 간식을 섭취하게 되면 혈당은 올라가고 지방은 그대로 쌓이며 다이어트는 또 내일로 미루어야 합니다. 지방을 태울 수 있는 찬스를 놓치지 마세요.

다리 운동이에요. '런지'라고 합니다.
허벅지와 엉덩이에 탄력을 주며 하체 근력을 강화하는
운동입니다. 10회씩 3세트로 운동합니다.

1. 한쪽 다리를 앞으로 내딛고 무릎을 굽히며 아래로 내려간다.

2. 앞무릎은 90도, 뒷무릎은 바닥에 닿기 직전까지 내려가서 1초
   간 버틴다.

3. 지면을 밀어내듯 원래자세로 돌아온다.

Elbow Plank

Elbow Plank (Knee)

Bent Knee Side Plank

Side Plank

Side Plank Leg Lift

Basic Plank

Plank Leg Raise

Plank Arm Reach

Side Plank
Knee Tuck (1)

Side Plank
Knee Tuck (2)

Elevated Side Plank

Ball Plank

Ball Plank Reverse

Extended Plank

Reverse Plank

알고 있는 것과
실천하는 것

5

함께 가야
멀리간다

·
·
·

통계에 따르면, 새롭게 운동을 시작한 사람 가운데 절반이 6개월에서 1년 사이에 운동을 그만둔다고 합니다. 그런데 이런 경우의 대부분이 혼자 외롭게 운동을 해온 사람들이었습니다. 사회학적으로 집단의 힘이라는 것이 운동 상황에서도 적용이 됩니다.

프린스턴 대학의 엘리자베스 굴드Elizabeth Gould의 실험 사례를 한번 볼까요. 쥐를 두 실험군으로 나누어 12일 동안 동일한 양의 운동을 시켰습니다. 한 실험군은 혼자 사는 쥐였고 또 하나의 실험군은 무리지어 사는 쥐들이었습니다. 운동 중에는 두 실험군 모두 정상치의 스트레스(코르티솔 호르몬) 수치를 보였습니다. 그런데 운동 후 낮아져야 할 코르티솔 수치가 혼자 사는 쥐는 낮아지지 않고 꽤 오랜 시간 지속이 되었습니다.

다시 말해 격리된 상황에서는 운동 후에도 지속적으로 스트레스

호르몬이 나와서 운동으로 인해 얻을 수 있는 상쾌함이나 개운함 등의 긍정적인 감정을 느끼지 못한 것이죠. 신경과학자들은 이러한 현상을 세로토닌 때문으로 추측했습니다. 사회적인 교류를 겸한 운동 즉, 어울려서 운동을 하면 세로토닌이 분비되어 안정감과 유대감을 느껴 정서적 시너지 효과를 일으키는 것입니다.

쥐와 사람을 단순 비교하기엔 무리가 있습니다. 사실 혼자서 하는 운동이 이것저것 신경 쓸 일 없고 홀가분할 때도 있으니까요. 다만 사람들과 어울리는 것을 즐기고 운동을 지속적으로 하기가 힘든 사람은 운동 친구를 만들거나 동호회 등의 힘을 빌려보는 것도 좋습니다.

지칠 때마다 '내가 운동을 하는 이유가 무엇인가?'라고 자문해보세요. 멋진 근육을 붙여 옷태가 나도록 하기 위해서, 엎어놓은 바가지마냥 튀어나온 배를 집어넣기 위해서, 여러 가지 이유를 생각해 볼 때 다시 한번 힘을 내게 되지 않을까요?

적어보기

노트 혹은 스마트폰의 메모장이나 다이어리도 좋습니다. 기록을 하면 눈에 보이는 활자들이 신기하게도 지속할 수 있는 힘을 줍니다. 아주 단순하고 쉬운 방법인데 효과는 좋습니다. 지인 중 한 명이 벤치프레스나 덤벨 운동을 할 때마다 작은 메모지와 연필을 옆에 준비해두고 운동을 시작하더군요. 그리고는 1세트 하고 개수를 적고, 2 세트 하고 다시 적고…… 이런 식으로 기록을 하는 겁니다. 그렇다고 그 메모를 체계화한다거나 차곡차곡 모아 기록하는 것도 아니었습니다. 원하는 횟수로 몇 세트 운동을 끝내고 나면 찢어서 버리는 겁니다. 그래서 저도 한 번 따라 해 보았더니 효과가 있었습니다. 적지 않고 그냥 하면 한두 세트 하고는 힘들어서 그만두기도 하거든요. 그런데 펜을 들어 활자로 적게 되니까 묘하게도 처음의 계획대로 세트와 횟수를 다 채우게 되는 겁니다. 참 희한한 경험이었고, 귀한 습관을 배운 계기가 되었습니다.

'건장'한 아이를 '건강'한 아이로 만드는 부모의 역할

코로나 사태로 몇 달이나 학생들이 학교에 등교하지 못했습니다. 겨우 개학은 했지만 홀수날은 홀수번호 학생이, 짝수날엔 짝수번호 학생만 나오는 반쪽짜리 학사운영이 이루어진 때도 있었습니다. 어찌 되었건 학생들을 오랜만에 보니 반가웠습니다만 연이어 드는 생각이 '아 많이들 쪘구나'였습니다. 그들의 확연히 '건장'해진 몸매에 놀라지 않을 수 없었던 겁니다. 집 밖 외출을 극도로 자제했을 테고 그에 따른 신체활동량이 줄어들었으니 당연한 결과라고도 할 수 있겠습니다만 유독 살이 많이 찐 모습이 걱정되었습니다. 학생들 자신도 살이 찐 걸 느끼는지 다이어트를 한답시고 점심시간이면 운동장을 돌거나 축구를 하는 학생들을 볼 수 있었습니다.

그런데 특이한 것은 혼자서 운동을 하는 학생은 찾아볼 수 없었습니다. 주로 여학생은 운동장 가장자리를 걷고, 남학생은 축구를 하는데 두 경우 모두 삼삼오오 모여서 하는 겁니다. 하기야 아침 등교를 할 때도 교문 근처에서 만나서 들어오고 쉬는 시간 화장실을 갈 때에도 '같이 가자'할 정도이니 운동할 때도 함께 하고 싶은 것이겠죠?

청소년기가 특히 또래집단의 영향을 많이 받고 친구들끼리 서로 의지하며 정서적 안정을 얻는 경향이 있어 운동을 할 때에도 그런 모습이 나오는 것 같습니다. 그런데 코로나 사태가 길어지고 아이들이 가정에 있는 시간이 여전히 많기 때문에 이런 친구의 역할을 부모님들이 해주셔야 한다는 생각이 들었습니다. 학교에서 운동장을 걷는 것으로는 부족합니다. 친구처럼 잘 통하는 형제자매가 있다면 아이들끼리 운동을 시켜도 되겠지만 사실 그 또래 아이들은 언니나 오빠, 동생 보기를 마치 견원지간처럼 하는 경우가 꽤 많습니다. 그래서 더욱 드는 생각은 '부모님께서 솔선수범해서 혹은 함께 운동 친구가 되어주어야 한다'는 것입니다.

앞서 소개해드린 통계자료에 따르면 혼자서 운동을 시작한 성인의 경우 절반 가까운 사람들이 6개월에서 1년 사이에 운동을 그만둔다고 하는데 의지 약한 우리 아이들이야 오죽하겠습니까? 우선 일주일에 2~3회, 한 번에 30분 정도로 목표를 잡고 동네 공원이나 학교 운동장에 가서 아이와 함께 걷거나 뛰어보세요. 운동효과와 더불어 자녀와 가까워질 수 있는 기회가 될 수 있습니다. 아이에게 물려줄 수 있는 유산은 금전적인 것만이 아닙니다. 부모의 운동습관과 건강에 대한 태도 역시 아이들에게 심어줄 수 있는 무엇보다 중요한 가치라는 것을 알아주셨으면 좋겠습니다.

운동의
맛
. . .

　운동은 절대 거짓말을 하지 않습니다. 아니 오히려 **운동의 효과를 숨기는 것이 더 힘들지 않을까요? 꾸준히만 해주면 아주 정직하게도 여러 가지 육체적 정신적 혜택이 따라옵니다.** 그런데 그것이 말처럼 쉽지가 않습니다. 헬스장에 등록하고 처음에는 모두 열심히 나갑니다. 그러다 나중엔 샤워만 하고 오고, 그 후엔 환불을 해야 하나 말아야 하나 고민하다가 결국 등록기간이 종료됩니다. 그리곤 '헬스는 내 취향이 아니야.'라고 하며 뭔가 다른 운동을 기웃거리게 됩니다.

　유튜브나 영상을 통해 강사님의 영상을 보고 따라 운동하는 사람도 있는데 정작 영상 속 선생님은 더욱 건강해지고 여러분은 이내 시들해져서 운동이 아닌 다른 영상을 찾아보게 되시죠? 운동을 꾸준히 지속할 수 있는 방법을 제안해볼까 합니다.

'운동의 맛'을 경험하라.

이런 상황을 한번 떠올려 볼까요? 며칠에 걸쳐 사력을 다한 기말시험을 치르고 방학에 돌입하는 순간, 불편한 사람들과의 어색한 모임을 뒤로하고 집으로 돌아가는 시간, 어떤 기분이 느껴지세요? 상상만으로도 마음의 평화가 찾아온 것 같지 않나요? 그런데 운동을 하게 되면 이런 느낌을 수시로 느낄 수 있습니다. 기분이 꽤 우울한 상태에서 운동을 시작했는데도 끝날 때쯤 되면 매번 어김없이 편안함과 희망에 찬 상쾌한 기분이 됩니다. 그 이유는 운동과 함께 분비되는 다양한 호르몬들의 작용 때문입니다.

운동과 관련되어 분비되는 호르몬에는 도파민, 엔도르핀, 세로토닌 등이 있는데, 이러한 호르몬들은 우울감을 날려버리고 기분 좋은 흥분감을 주며 정신적·신체적 고통을 누그러뜨리는 역할을 합니다. 그래서 '운동은 천연 항우울제다'라고 합니다. 이러한 쾌감은 건강한 중독이라 부를 만큼 강력해서 운동을 지속하는 원동력이 됩니다. 운동의 맛을 한번 보기만 한다면 목이 마르면 물을 찾고 끼니때가 되면 밥 생각이 나듯 누구나 규칙적으로 운동을 하게 될 겁니다. 부디 이 글을 읽는 여러분과 여러분의 자녀가 '운동의 맛'을 알아가기를 바랍니다.

때로는 강한 강도로 운동을 해보세요

밑도 끝도 없이 무슨 이야기냐고요? 강도가 낮은 운동은 효과도 낮습니다. 물론 심장이나 특정 부위가 약하거나 연세가 높은 분들은 상황에 맞게 적절한 강도로 운동해야겠지만 정상인이라면 가끔은 다음날 근육통이 일어날 만큼 강한 운동에 도전해 보기를 추천합니다. 실제로 평상시보다 센 강도의 자극에 의해 활성화 됩니다. 근육세포에 미세한 상처가 생기고 그곳에 영양분과 휴식 그리고 호르몬 작용에 의해 근육이 강화되는 것입니다. 약한 자극은 운동효과가 낮습니다. 일상생활에서 들어본 적이 없는 무게를 들어야 운동입니다. 마치 숟가락 젓가락질을 매일 해도 팔이 굵어지지 않는 것과 같은 원리입니다. 힘이 들고 숨이 차고 땀이 나며 근육이 뻐근해져야 운동입니다. 이 정도는 해야 배도 좀 들어가 보이고 팔뚝과 허벅지는 탄탄해지는 것이죠. 이쯤 되면 슬슬 운동이 재미있어집니다. 변화가 보이니까 스스로 재미가 붙는 것이죠. 결국 강도 높은 운동이 눈에 띄는 신체의 변화를 불러오며 이것은 운동을 지속하게 하는 힘이 됩니다.

운동할 시간을 미리 배분해 놓으세요.

'시간이 없어서 운동을 못한다'는 분들이 많습니다. 그런데 그건 핑계입니다. 사실 프로 운동선수처럼 체계적으로 시간 관리하며 운동할 수 없습니다. 우리 스스로 시간을 배정해야 합니다.

자, 그러면 하루 중 언제가 좋을까요? 가능하다면 아침시간을 추천합니다. 저녁시간은 종일 업무를 보고 피곤할 테고 그러면 의지가 약해져서 빼먹을 확률이 높습니다. 게다가 회식과 야근, 갑작스러운 약속 등으로 지속적인 운동을 하기에는 좋은 시간이 아닙니다. 점심시간도 좋은 대안이 될 수 있습니다. 저의 지인은 점심시간이 되면 바로 인근 수영장으로 달려가 30분 정도 운동을 한답니다. 그리고 준비해 간 선식이나 고구마, 바나나 등으로 점심을 간단하게 해결한다고 해요. 보통 직장인에게 주어진 점심시간이 1시간 정도이니 음식을 섭취하는 시간을 20분 안에 마칠 수 있다면 30분 내외의 운동 시간을 확보하는 것이 불가능한 일은 아니겠죠?

PT 받아보셨나요? 스마트워치는 어떠세요?

몇 년 전 어느 다큐에서 보았던 내용입니다. 베벌리힐스에 사는 돈 많은 사업가였던 걸로 기억이 납니다. 그 사람들은 개인 트레이너에게 연봉으로 수천만 달러를 주며 운동처방을 받아 건강을 관리하더군요. 집 거실에서 운동하던 장면이 있었는데 면적은 물론이고 천장도 높아 마치 체육관 같았습니다. 여러분이 베벌리힐스의 대부호처럼 개인 트레이너 고용에 매년 수천만 달러를 지불할 수는 없겠죠. 그렇다면 몇만 원 정도는 어떠세요? 스마트 기기를 개인 트레이너로 고용해보시길 권합니다. 대부분의 스마트 워치들은 운동기능을 포함하고 있습니다. 간단하게는 만보계 기능부터 시작해서 심박수와 칼로리 소모, 이동거리와 페이스 분석에 이르기까지 꽤 전문적인 수준의 운동 데이터를 제공해주기도 합니다. 개인적으로 저는 S사의 스마트 워치를 쓰고 있는데요, 조깅코스를 지도로 나타내 주고 소모 칼로리와 심박수의 변화 등도 체크할 수 있어서 운동을 체계적으로 하는데 도움이 많이 됩니다. 2년 전쯤 20만 원 중반 정도의 가격에 샀으니 트레이너 비용으로 매달 1만 원 정도 쓴 셈입니다. 이 정도면 개인 트레이너 유지비용으로 합리적이지 않나요?

나에게 맞는 운동 찾아내기

사람은 저마다 취향이 다르고 흥미를 느끼는 포인트가 다릅니다. 운동을 할 때에도 마찬가지입니다. 누구는 조깅이 좋은데 누구는 정적인 요가에 빠집니다. 벤치프레스로 역기를 들어 올리는 것은 대흉근과 상체 근력 향상에 탁월한 운동효과가 있지만 대부분의 여성분들에겐 재미가 없습니다. 수영은 심폐지구력을 길러주고 상하체를 고르게 자극시켜주지만 누군가는 물자체를 무서워하는 경우도 있습니다.

　본인이 좋아하고 즐거워야 지속할 수 있습니다. 그런 자신만의 운동을 찾아내야 합니다. 쉽게 할 수 있고, 할 때 재미를 느낄 수 있는 운동이라면 좋습니다. 전신을 쓰고 움직임이 다양하다면 더욱 좋습니다. 저는 개인적으로 실내의 헬스클럽보다는 야외에서 할 수 있는 운동도 훌륭하다고 생각합니다. 해가 떠있고 온도가 적절하다면 야외에서 하는 운동이 부가적인 이점을 줄 수 있기 때문입니다. 태양을 느끼고 얼굴을 스치는 바람도 만끽해보세요. 날씨가 궂어도 이슬비 정도는 맞아보고 눈이 오면 눈길도 걸어보세요. 추위도 맞서 보고 더위도 더운 대로 받아들여보세요. 숨이 차고 목이 말라도 당장 멈추거나 물을 찾지 말고 그 감정을 그대로 느끼고 받아들여보세요. 다음 운동시간이 기다려지고 가슴이 두근거리는 일상이 되시기를 바랍니다.

기록을 해보세요.

운동량을 한번 적어보세요. 근처 초등학교 운동장 몇 바퀴, 윗몸일으키기 몇 개, 스쿼트 몇 개 이렇게 적어 나가다 보면 신기하게도 기록을 하기 위해서라도 움직이게 되는 다소 주객이 전도된 경험을 하게 됩니다. 어쨌든 조금이라도 더 운동하도록 만들어 주니 도움이 되는 것은 확실합니다.

일상생활에서 열량태우기
니트 NEAT 하라

·

·

·

운동할 시간을 따로 내기 힘든 바쁜 분들께 일상생활 중 열량을 소모하는 방법을 권해드립니다. 그것은 생활 중에서 신체활동을 늘리는 것이 핵심인데요, 소위 니트(NEAT, Non-Exercise Activity Thermogenesis, 비운동성 활동 열 생성)라고 하는 방법입니다. 이 방법은 맘먹고 하는 운동만큼은 아니지만 적지않은 효과를 낸다고 합니다. 구체적인 연구사례를 한 번 살펴보겠습니다.

> 서울대 의대 교수들이 주축이 된 국민건강지식센터는 의사, 식품영양학자, 체육 교육학자 등을 중심으로 팀을 꾸려 2014년과 2015년 직장인의 생활습관 바꾸기 프로젝트를 진행했습니다. 기업체 직원들을 대상으로 3개월(약 10주) 동안 2가지 신체활동을 늘리고 식습관을 개선했더니 놀라운 변화가 나타났는데요, A사의 직원 100명 중 대사증후군이 있는 사람이 26명에서 17명으로 줄어들었고, B사의 경우도 대사증

후군 유병률이 28.7%에서 20.7%로 떨어졌습니다. 신체활동을 늘리고 식습관만 개선해도 80만~90만 명이 대사증후군에서 벗어날 수 있다고 추측했습니다.

이들이 실천한 신체활동은 니트^{NEAT}에 기반을 둔 것입니다. NEAT란 평소 생활 중에서 신체활동량을 늘려 에너지를 소비하는 방법입니다. 바쁜 일상 중 운동할 짬을 내기 어려운 분들이 효과적으로 시간을 활용하여 잉여 칼로리를 소모할 수 있도록 돕는 방법이죠. 연구결과로 입증되었듯이 습관으로 잘 정착된다면 몸무게 유지와 대사질환 예방에 매우 효과적입니다.

알고 보면 간단한 칼로리 태우는 습관들

일상에서 니트^{NEAT}를 실천하는 방법은 다양합니다. 조금의 불편함을 감수하는 것이 포인트입니다. 일단 자리에서 일어서 보세요. 자리에서 일어서기만 해도 몸의 직립을 돕기 위해 복근과 등근육, 엉덩이와 허벅지 근육 등이 일을 하기 시작합니다. 우리의 몸무게를 지탱해야 하므로 칼로리를 태우기 시작하는 것입니다.

휴대전화로 통화할 때 앉아서 통화하지 말고 걸어 다니며 하세요. 밀폐된 곳이나 여러 명과 함께 있는 공간에서 통화하면 다른 사람에게도 방해가 되기 때문에 사적인 통화는 보통 밖에 나가서 합니다. 그리고 밖에 나간 김에 발걸음만 옮기시면 됩니다. 기왕이면 햇빛이 비치는 곳이면 금상첨화겠죠? 이런 조건이 안된다면 스쿼트를 하며 통화하는 것도 나쁘지 않습니다.

복사기, 프린트기, 휴지통, 정수기 등은 되도록 책상에서 멀리 떨어진 곳에 두고 필요할 때마다 일어서는 것도 방법입니다. 저 같은 경우 프린트기가 제 책상에서 10걸음 정도 떨어진 곳에 있는데요, 처음엔 불편하다고 생각했었는데 곰곰이 생각해보니 이게 바로 니트^{NEAT}더라고요. 그때는 불편했지만 지금은 감사합니다.

가정에서 필요한 생필품을 구매할 때 인터넷 쇼핑 대신 직접 마트나 시장에 가길 권합니다. 사실 인터넷 쇼핑이 편하긴 합니다. 스마트폰 안에 있는 마트는 손가락 클릭 몇 번으로 집 앞까지 배달되니까요. 그러나 다시 생각해보면 단점도 있습니다. 최저가를 찾는데도 적지 않은 시간이 들고 내가 직접 고르지 않아 덜 신선하거나 필요 없는 물품을 과하게 쇼핑할 수도 있습니다. 그런데 가장 큰 단점은 물건을 구경하고 고르고 그것을 들고 집까지 오는 등의 신체 활동을 박탈당하는 것입니다.

약간의 불편함과 귀찮음을 감수한다면 건강을 얻을 수 있습니다.

일상 생활에서 신체활동 늘리는 몇 가지 방법, 니트^{NEAT}하라!

○ 물건을 살 때 인터넷 쇼핑보다 직접 걸어서 쇼핑합니다.
○ 컴퓨터를 사용할 때 스탠딩 데스크를 이용합니다. 서서 일하는 것만으로도 칼로리 소모가 증가하고 요통이 예방됩니다.
○ TV를 없애는 게 가장 좋겠지만 그럴 수 없다면 시청하면서 아령을 들거나 스쿼트를 하는 등 몸을 움직여보세요.
○ 앉아서 일하더라도 알람을 정해두고 규칙적으로 일어나 스트레칭을 하거나 몸을 움직여주세요.
○ 물을 많이 마셔보세요. 자연스럽게 화장실을 가게 되므로 움직일 수

밖에 없게 되죠. 게다가 피부미용에도 도움이 된다고 해요.

○ 양치질하며 동시에 스쿼트(허벅지가 무릎과 수평이 될 때까지 앉았다 섰다 하는 동작)를 해볼까요.

○ 대중교통 이용 시 목표지점 한두 정거장 전에 내려 걸어갑니다.

○ 서서 또는 걸으면서 회의를 합니다.

○ 휴대전화로 통화할 때에는 걸으면서 합니다.

○ 커피는 테이크아웃! 카페에 앉기보다 주변을 산책하며 마십니다.

○ 복사기, 프린트기, 휴지통, 물, 음료 등 필요한 물건은 되도록 책상에서 멀리 떨어진 곳에 둡니다.

○ 엘리베이터보다 계단을 이용합니다. 단 내려오는 계단은 무릎관절에 무리가 갈 수 있으니 올라갈 때만 합니다.

○ 차량으로 아이를 학교로 태워줄 경우 최소 10분 정도 걸을 수 있도록 교문 바로 앞에 내려주지 않습니다.

○ 스마트 기기를 사용해 보세요. 걸음 수 체크부터 오래 앉아 있을 경우 '움직이세요'라고 알람도 울려줍니다. 건강도 스마트하게 챙깁시다. 우리는 스마트하니까요.

TV를 없애는 것은 어떠세요? 과할 수도 있는 제안을 하는 것은 TV 로 인한 부작용이 상당하기 때문입니다.

먼저 TV는 식욕을 자극합니다. 최근에는 먹방을 콘셉트로 잡은 프로그램이 우후죽순처럼 생겨나고 있습니다. 게다가 각종 광고와 드라마 속에는 식품 관련 PPL들이 넘쳐납니다. 영상과 음향, 촬영기술의 발달로 카메라를 거쳐 TV 속으로 투영된 음식들은 실제보다 오히려 더 맛깔나고 훨씬 먹음직스럽게 보입니다. 별생각이 없다가도 영상을 보고는 없던 식욕도 불같이 일어납니다.

둘째, TV는 사람을 앉아있게 만듭니다. 헬스장처럼 집에 러닝머신이 있지 않은 이상 TV를 서서 보시거나 걸으면서 보시는 분은 없으시죠. 거의 소파에 앉아서 봅니다. 앉아서만 보면 다행이고 과자나 군것질거리를 먹으며 보는 사람도 많습니다.

셋째, TV를 바보상자라고 하죠. 사람을 진짜 바보로 만들지는 않지만 적어도 유익하지 못한 부분이 많습니다. 생산성과 소비성이라는 두 가지 차원에서 보았을 때 TV 시청은 소비에 가깝습니다. 방송국에서 생산한 영상을 시청자가 소비해 주는 형태입니다. 주요 뉴스는 스마트폰 검색으로 해결하고 드라마 대신 소설 읽기에 도전해보세요. 소설도 책이니 '나 책 읽었다'라는 자부심은 덤입니다.

아이들을 승용차로 등고시키면
생기는 일

●

●

●

걸음을 박탈당한 아이들

저의 부모님은 1960년대 초반 경북 의성에서 학교를 다니셨는데요, 매일 왕복 20리(8km) 길을 걸어 다녀야만 했고 도시락을 잊고 온 날은 점심을 먹기 위해 집까지 다녀오는 일도 있었다고 합니다. 대충 계산해도 대단한 운동량입니다.

그런데 요즘 아이들은 걸을 일이 별로 없습니다. 제가 생활지도부장 업무를 수년간 하면서 매일 아침 교문에서 학생들을 맞이했었는데요, 생각보다 부모님의 승용차를 타고 오는 학생이 많은 것을 알게 되었습니다. 그리고 승용차에서 내린 학생들은 하나같이 여전히 잠이 덜 깬 모습으로 터벅터벅 힘겹게 교문을 통과합니다.

부모님 입장에서는 등교시간도 단축시켜주고 피곤한 아이들을 도와준다는 생각으로 'Home to School' 서비스를 해주시지만 이것은 아이들의 학업 증진에는 오히려 역효과를 냅니다. 잠이 덜 깬 가수면 상태의 뇌가 교실에 들어간다고 스위치를 켠 것처럼 간단하게 활성화될 리가 없습니다.

오전 수업의 공부효율은 보나 마나 뻔합니다. 아침에 적당한 운동으로 심박수가 올라가고 뇌로 신선한 혈액이 공급되어야 공부를 하기에 최적의 뇌 상태가 되는 것입니다. **여러분의 승용차를 워밍업 하듯 자녀의 뇌도 워밍업 해주세요.** 그러니 승용차로 학교 코앞에 데려다 주지 마세요. 아침운동할 수 있는 소중한 기회를 박탈하는 것입니다.

아침 운동은 오전 수업의 효율을 극적으로 끌어올리는 마법의 약과도 같습니다. 거리가 너무 멀어 꼭 자가용으로 데려다줘야 한다면 학교에서 제법 떨어진, 최소 10분은 걸을 수 있는 곳에 내려주세요. 스스로 걷거나 뛸 수 있게 기회를 주세요. 아침에 적당히 심박수가 올라가고 뇌에 혈액이 공급되어야 교실에서 수업내용을 받아들일 준비가 되는 것입니다. 우리 학생들은 신체 움직임과 정적인 인지 작용 중 지나치게 한쪽으로 기울어져있습니다. 거의 종일 학교에서 공부, 학원에서 공부, 여가시간에는 휴대폰이나 게임입니다. 신체를 움직일 시간이 절대적으로 부족합니다. 일주일에 3~4시간 주어진 40분가량의 체육시간으로는 절대적으로 부족합니다. 사실 체육시간에 모든 학생이 시간을 알뜰히 사용하여 격렬히 운동을 하는 것은 아니기 때문입니다.

정신노동을 잘하려면 반드시 육체활동을 해 주어야 합니다. 학교 교문을 들어서는 우리 아이들이 수업시간에 뇌를 효율적으로 사용할 수 있도록 배려해주세요.

2014년 스탠퍼드 대학의 연구에 따르면 걷기 운동은 창조적 사고력을 평균 60% 정도 높여준다고 합니다. 연구진은 대학생 176명을 대상으로 앉아서 특정 작업을 수행한 것과 걸으면서 수행한 것의 성과를 비교하였습니다. 그 결과 걸으며 작업한 사람들이 압도적으로 질 높은 아이디어를 떠올렸고 아이디어의 양도 훨씬 많이 도출해냈다고 합니다. 이어서 연구진은 걷기가 창의적 사고에 미치는 효과를 실험했는데요, 참가자들에게 창의성 테스트 중 하나인 '비일상적 용도 말하기'를 제시했습니다. 이 테스트는 한 물체를 보고 비일상적인 쓰임새를 생각나는 대로 말하게 하는 테스트인데요, 처음엔 제자리에 가만히 앉아서 진행했고, 그다음은 걸어가면서 테스트를 실시했습니다. 실험 결과 참가자들은 걸으면서 테스트했을 때가 가만히 앉아서 했을 때보다 81% 더 좋은 성과를 보여주었습니다. 가벼운 운동만으로 창의성을 무려 81%나 끌어올린 것입니다. 창의력을 극적으로 끌어올려주는 걷기의 효과 정말 대단하죠?

'육체와 정신은 하나다'라는 믿음을 가지고 운동의 중요성을 알리고자 하는 제가 소개하고 싶은 문장이 있습니다. '육신이 만족하자 영혼은 기쁨으로 전율했다' 〈그리스인 조르바〉에 나오는 구절입니다. 사실 몸이 아프면 우리의 정신을 온전하게 만족시키기 어렵습니다. 누구나 몸이 피곤하면 짜증이 나고 배가 고프면 신경이 예민해지는 경험을 하듯 말이죠. 누구나 육신이 만족하지 않으면 영혼은 즐거울 수가 없거든요. 몸이 아프고 기운이 없는데 정신적 만족감을 느끼는 이가 누가 있을까요.

육신과 영혼이 연결되어 있다는 말은 신체활동과 정신건강이 긴

밀한 관계에 있다는 말도 됩니다. 신체와 정신은 한 몸이므로 운동을 통해 신체를 건강하게 유지하면 정서적 안정과 인지능력 향상을 얻을 수 있습니다. 가벼운 경중 우울증을 앓는 대부분의 환자는 걷기나 가볍게 달리기 같은 운동만으로도 상당한 상태의 호전을 경험할 수 있다고 하고요. 지적 활동을 하는 작가, 과학자, 예술가 등도 산책과 같은 가벼운 운동에서부터 마라톤과 같은 강도 높은 운동까지 다양한 신체활동을 하는 것을 볼 수 있습니다.

지금은 고인이 되신 박완서 작가님도 노년에 마당 있는 집으로 이사를 하고부터 직접 호미를 들고 마당 관리를 하며 건강관리를 하셨다고 합니다. 책을 읽고 글을 쓰는 인지적 영역의 일들이 마당의 잡초를 제거하는 육체적 노동과 맞물려 서로가 서로를 효율적이도록 도와준다고 여기셨습니다. 선생님께서는 어디에도 치우치지 않는 균형감각이 있으셨던 것 같습니다. 글을 쓰는 정신노동과 마당을 가꾸는 신체 노동을 겸하는 것이 건강유지의 비결이라고 당신의 글에서 말씀하신 것을 보면 말입니다.

달리는 소설가

수년째 노벨문학상 수상자에 가장 근접한 작가로 불리는 무라카미 하루키는 육체적인 힘과 정신적인 힘은 삶의 수평을 유지할 수 있게 해주는 두 개의 바퀴와 같다고 했습니다. 그는 작가 생활을 유지할 수 있는 원동력으로 강한 체력을 필수요소로 꼽았습니다. 그는 후배 작가들에게 다음과 같이 충고합니다. 창작을 위한 예리한 지성을 유지하는 데에는 의지만으로는 부족하며 반드시 강인한 기초체력이 우선

되어야 한다고 말입니다. 신체활동이 창조적인 글쓰기 작업에 무한한 에너지를 준다고 그는 확신하고 있는 듯합니다.

수업 전
운동장을 달려야하는 이유

· · ·

> 성공적인 삶을 위한 최고의 실천은 **운동**이다.
>
> — 황농문 〈 몰입 〉 중에서
>
> 뇌가 최적의 상태를 유지하려면 **운동**이 필요하다.
>
> — 박문호 〈 뇌, 생각의 출현 〉 중에서

걷기나 가볍게 달리기 등의 단순한 운동만으로도 새로운 뇌세포가 생성된다는 사실을 알고 계신가요? 이렇게 만들어진 뇌세포는 이어지는 규칙적인 운동을 통해 활발히 뻗어 나가게 되어 뇌는 더욱 건강한 최적의 상태를 유지하게 됩니다. 당신이 설정하고 있는 삶의 목표가 무엇인지 모르겠지만 운동은 최고의 무기가 될 것이 틀림없습니다. 지적 활동을 왕성히 해야 할 학생, 새로운 아이디어를 쉼 없이 떠올려야 하는 과학자, 밀려오는 업무를 지치지 않고 소화해야 하는 직장인들, 쉴 없이 보살핌을 요구하는 어린 아이들과 그 부모님들 모두에게 운동은 날개가 되고 무기가 될 것입니다.

하버드 의대 존 레이티 교수는 운동이 뇌에 미치는 영향을 다양한 실험 사례와 연구 결과를 바탕으로 설명하는 뇌과학자입니다. 그는 인간이 몸을 움직이며 사는 것은 자연의 순리라고 주장합니다. 운동을 하면 신체가 건강해지는 것에 그치는 것이 아니라 뇌가 활성화되어 정서적 안정감도 얻고 인지적 능력도 고양된다는 것입니다. 그의 연구내용에는 특히 학부모님들이 관심을 가질 만한 내용도 있습니다.

매일 아침 0교시 체육수업을 실시해 보았더니 신체가 건강해진 청소년들이 학업 성적 또한 월등히 앞서간다는 결과를 얻은 것입니다. 0교시 보충수업이나 문제집 풀이가 아니라 운동을 해주었을 뿐입니다. 이유가 무엇일까요? 0교시 체육시간이 성적을 올린 이유는 운동을 함으로써 혈액이 뇌에 공급되어 뇌가 최적의 상태가 되었기 때문입니다. 몸을 움직여 운동을 하면 심박수가 높아지고 심장이 힘차게 펌프질을 하여 우리의 뇌로 신선한 혈액을 공급해주는 것입니다. 뇌는 거대한 혈관덩어리이며 우리 신체에 필요한 에너지의 20% 이상을 끌어다 쓰는 곳이라 신선한 혈액의 공급은 필수라고 할 수 있겠죠.

이처럼 운동의 또 다른 이유는 새로운 뇌세포를 만들고 그것을 유지하며 활성화하는 것이라고 볼 수 있습니다.

운동을 하지 않으면 뇌의 부피가 줄어들고 오그라든다고 합니다. 우리는 흔히 피부가 상하고 주름이 늘어나는 것을 늙는 것으로 여기며 피부만 가꾸려 노력하지만 실제로 늙어간다는 것의 핵심은 뇌의 인지능력이 떨어진다는 것입니다. 피부 탄력이 줄고 주름이 생겼다고 치매에 걸리진 않습니다. 결국의 뇌의 기능을 최대로 발휘하려면 몸을 열심히 움직여서 뇌로 신선한 혈액을 펌프질 해주어야 합니다. 운동으로 뇌가 활성화되면 공부 능률이 오르고 근육량도 늘어나며 심장이 튼튼해집니다. 더불어 성인병이 예방되며 정서적 우울증도 예방하는 '일석이조'에 그치지 않는 엄청난 효과를 얻을 수 있는 것입니다.

수렵과 채집 생활을 하며 생명을 유지해야만 했던 원시 인류는 지금의 우리와는 비교도 되지 않게 왕성하게 활동하고 칼로리 소모 역시 많았으리라 추측됩니다. 그러나 신체활동만 열심히 한다고 야생에서 살아남을 수 있는 것은 아닙니다. 학습능력과 인지능력 또한 생명유지를 위해 반드시 필요한 역량이었습니다.

예를 들어보겠습니다. 갖은 고생 끝에 어렵게 야생딸기밭을 발견했다고 칩시다. 그런 귀한 장소는 매해 딸기 철이 되면 찾아야 하니 잊지 않고 기억해 두어야겠죠. 사나운 짐승을 사냥할 때나 침입자를 물리칠 때에도 안전하고 효율적인 작전을 위해 머리를 써야 하는 것은 필수입니다. 또 무리 내에서 먹을 것을 합리적으로 나누고 갈등을 평화적으로 중재하는 것 또한 인지능력이 없다면 처리하기 곤란한 일이겠죠. 이렇듯 활발한 신체활동과 더불어 인지적 작용은 생명유지의 필수 조건이었습니다.

우리의 신체는 운동을 하도록 설계되어있고, 신체가 운동을 하면 자연히 뇌도 연동되어 튼튼해지게 됩니다. 학습과 기억은 우리의 선조가 음식을 찾아다니는 데 사용하던 운동기능과 함께 진화해 온 것입니다.

　무언가 참신한 생각이 떠오르지 않거나 중요한 시험을 앞두고 두뇌를 풀가동해야하는 상황에 처해 있다면 운동장을 힘차게 달려 뇌를 활성화 시킨 후 교실로 들어간다면 어떨까요? 능률이 극대화되는 경험을 할 수 있습니다.

우울하다면 걸어라,
그래도 우울하다면 또 걸어라

·
·
·

    '우울하다면 걸어라. 그래도 우울하다면 또 걸어라' 고대 의학을 집대성한 히포크라테스가 한 말입니다. 우울증 수준이 아니더라도 살아가면서 누구나 한 번쯤은 기분이 가라앉고 침울해질 때가 있습니다. 하지만 몇 주가 지나도록 계속 기분이 처져 있다면 문제가 있는 겁니다. 미래를 생각해도 희망이 없는 것처럼 느껴지고 평소에 좋아하고 즐기던 활동을 해도 전혀 즐겁지가 않다면 우울증을 의심해 보아야 합니다.

    오늘날 현대사회는 우울증으로 고통받는 분들이 많다고 하는데요, 그 고통이 얼마나 극심하고 삶을 피폐하게 만드는지 '병'을 붙여 우울병이라 해야 하지 않나 생각이 들 정도입니다. 우울증의 유발 원인은 호르몬 분비, 신체 질병으로 인한 불안감, 일상생활에서의 스트레스, 유전적 요인 등 아주 다양하다고 합니다. 우울증으로 말미암아 발현되는 양상은 사람마다 다르다고 하는데요, 어떤 사람은 무기력에 빠져 침대에서 헤어 나오지 못하는가 하면 어떤 사람은 실체 없는 불안에 휩싸여 밤잠을 이루지 못합니다. 또 어떤 사람은 식욕을 잃고 체중이 감소하는가 하면 어떤 이는 끝없이 찾아오는 심리적 허기를 폭식으로 달래며 단시간에 급격히 살이 찌기도 합니다. 이렇듯 우울증은 다양한 유형으로 나타나지만 한 가지 공통분모를 가집니다. 우울증에 걸린 사람들이 하나같이 표현하기 힘든 엄청난 고통을 겪는다는 것입니다.

미국정신의학협회에 의한 정신질환 진단 및 통계 편람과 세계보건기구WHO의 국제질병사인분류ICD의 내용을 소개해드립니다.

우울증 진단 기준(5가지 이상의 항목이 2주 이상 지속 시)

- 무기력하고 우울한 기분이 지속됨
- 좋아하던 일에 흥미가 느껴지지 않고 매사에 재미가 없음
- 집중력이 떨어짐
- 자신이 무가치하다는 느낌이 들고 죄책감이 듦
- 밤에 잠을 잘 이루지 못하거나 지나치게 많이 잠
- 식욕이 없어지거나 과도하게 증가함
- 대인관계가 적어지고 혼자 지내는 시간이 늘어남
- 이유 없이 몸이 아픔
- 비관적인 생각이 들고, 죽음이나 자살에 대한 생각을 반복적으로 하게 됨

출처 : 국민건강보험공단

현재 프로작은 세계에서 가장 많이 팔리는 약 중 하나입니다. 병을 치료할 뿐만 아니라 삶에 행복을 되돌려준다는 의미에서 탈모치료제인 프로페시아, 발기부전 치료제인 비아그라 등과 함께 '해피메이커'라는 별명으로 불리우기도 합니다. 사실 프로작은 처음부터 우울증 치료약으로 개발된 것이 아니라고 합니다. 처음에는 비만 억제제로 실험되고 있었는데요. 엉뚱하게도 비만으로 우울증을 겪고 있는 환자에게 투여되었을 때 비만 증상은 개선되지 않고 우울증 증상이 완화되었다고 합니다.

프로작의 성공으로 불과 몇 년 안에 비슷한 복제약들이 쏟아져 나왔고 거의 모두 큰 성공을 거두게 됩니다. 그러나 판매량이 늘수록 수면장애와 두통, 소화불량, 메스꺼움, 성기능장애, 성욕감퇴와 같은 부작용이 보고되기 시작했습니다. 이에 의사와 과학자들은 부작용 없는 다른 치료법으로 눈을 돌리게 되었고 운동과 약물의 효과를 체계적으로 비교하게 되었습니다. 그들은 우울증 환자를 세 그룹으로 나누고 첫 번째 집단에는 우울증 약을 주고, 두 번째 집단에는 주 3일 30분씩 운동을 하게 하였으며, 마지막 집단은 약과 운동을 모두 처방하였습니다. 넉 달 후 세 그룹의 실험 참가자 모두가 우울증이 호전되었습니다.

이 연구에서 주목할 것은 주 3회 운동만 한 집단이 약물처방을 받은 집단만큼이나 상태가 호전되었다는 것입니다. 결론적으로 규칙적인 신체활동도 우울증 치료에 약만큼이나 효과가 있다는 것입니다. 더 놀라운 것은 6개월 후의 추적 관찰에서 확인되었습니다. 참가자들은 넉 달간의 첫 번째 실험 이후 원하는 치료 방식을 직접 고를 수 있었습니다. 어떤 사람은 운동을 선택했고 어떤 사람은 약물치료를 선택합니다. 결과는 어땠을까요? 운동을 한 사람은 6개월 동안 우울증이 재발한 비율이 8%였던 반면, 약물치료를 선택한 집단에서는 무려 38%의 재발률을 보인 것입니다.

이처럼 운동은 항우울증제 약물과 동일하거나 오히려 뛰어난 효과를 보입니다. 그러나 이렇게 놀라운 발견은 안타깝게도 제약회사의 막대한 자본력에 밀려 언론에 많이 노출되지 못했습니다.

얼마나 운동해야 하나?

운동의 효과는 운동 직후부터 느껴지며 1시간에서 몇 시간까지 지속됩니다. 그런데 중요한 것은 규칙적으로 운동을 하게 되면 운동 직후뿐만 아니라 상당시간 동안 지속적으로 운동효과를 볼 수 있다는 것입니다. 기억해야 할 것은 불규칙적인 운동보다 규칙적인 장기간의 운동이 강력한 효과를 불러온다는 것입니다.

우울증에 대해서 이야기할 때에는 '완치'라는 표현을 쓰지 않는다고 합니다. 행위나 감정은 지극히 주관적이어서 객관화가 불가능하기 때문입니다. 사실 약을 복용하는 환자들 중 3분의 1은 항우울제를 복용하면 증세가 거의 사라진다고 합니다. 그러나 문제는 나머지 3분의 2에 해당하는 사람입니다. 그들은 약효가 미미하거나 무기력감과 피로감 등의 부작용을 겪는다는 것입니다. 부작용도 없으며 약만큼 효과는 좋은 운동을 스스로에게 처방할 때입니다.

무조건 약을 버리라는 것이 아니다

제가 이 책에서 하고 싶은 말은 운동도 항우울제만큼 큰 효과가 있다는 것이지 항우울제를 완전히 버리라는 것이 아닙니다. 약물치료로 효과를 보지 못한 사람이나 임상적으로 가벼운 우울증을 겪고 있는 사람에게 약물과 함께 운동요법을 써보라고 권하는 것이니 무조건 병원과 등을 지거나 약을 멀리하는 일은 없기를 바랍니다. (더불어 운동과 약을 결합하면 가장 효과가 좋다는 여러 연구결과가 있음을 알려드립니다.)

극심한 우울증에 빠져 몇 달째 집 밖으로 나가지도 않고 침대에서 헤어 나오지 못하는 분에게 '자 이제 30분 동안 조깅해볼까요?'라는 말은 현실적이지 못합니다. 그런 분들은 망설임 없이 진료와 상담을 받아야 합니다. 병원과 상담센터에는 여러분을 위해 준비된 전문가가 기다리고 있습니다. 수십 년간 공부하고 다양한 사례를 경험했을 것입니다. 전문가는 괜히 그 자리에 앉아있는 것이 아닙니다.

제대로 놀아야
제대로 배운다

덴마크에서 놀이는 삶의 중요한 부분을 차지합니다. 가정에서 부모가 퇴근 후 자녀와 놀아주는 것은 특별한 일이 아니라 일상입니다. 학교에서도 놀이와 공부의 경계선을 긋지 않습니다. 놀이가 공부이고 공부를 마치 놀이 같이 합니다. 교사들은 학생들의 행동을 통제하기보다는 보다 활동적이고 적극적으로 움직일 수 있도록 환경을 제공해 주려고 노력합니다. 왜냐하면 학생들이 최대한 자율적인 분위기에서 스스로 터득해 가는 것이 가장 가치 있으며 진정한 배움이 일어난다고 믿기 때문입니다.

네덜란드의 역사학자이자 문화학자인 요한 하위징아Johan Huizinga, 1872년~1945년는 그의 저서 〈호모 루덴스〉에서 인간을 놀이하는 인간으로 정의하였습니다. 동물들도 쫓아가고 도망가며 놀지만 인간의 놀이와는 차이가 있습니다. 사람이 하는 놀이는 일상에서 벗어나 자율적이면서도 동시에 규칙성을 지닙니다. 또한 사람은 어른이 되어서도 놀이를 즐깁니다. 놀이 전문가인 편해문 선생님은 아이들은 놀이를 통해 행복의 냄새를 맡는다고 했습니다.

참 멋진 표현이죠. **놀이는 그 자체가 즐겁고 행복한 것입니다. 자발적이어야 하며 강제로 해서는 안됩니다.** 단 10분의 짧은 시간이지만 운동장에 나가 뛰는 것은 '놀이'이지만 '자 너희는 지금부터 10분간 운동장을 뛰어야만 해'라고 한다면 놀이가 아닌 것입니다. 이 책의 앞부분에서 말씀드렸듯이 자율성이 사라지면 아이들은 신기하게도 위축되고 의욕을 잃습니다. 밥을 굶더라도 점심시간을 아껴 축구를 하는 우리 학교 아이들에게 축구는 너무나 즐거운 놀이이지만 축구를 직업으로 삼는 선수에게는 그것은 더 이상 놀이가 아닌 것이죠.

저당 잡힌 놀이, 유예당한 휴식

우리 민족은 삶 자체가 놀이와 상당히 밀접한 관련을 맺고 있었습니다. 상고 시대부터 백성들이 함께 즐기는 다양한 축제가 있었고 축제라는 놀이를 통하여 공동체의 유대감을 강화하며 서로 간의 연대감을 확인하였습니다. 아이들은 골목 문화를 만들었고 어른들은 마실 문화를 만들며 또래들과 어울리고 상호작용하며 소통하였습니다. 그러나 60~70년대에 산업화가 급속하게 진행되면서 놀이라는 것은 근면성실과는 대치되는 몹쓸 그 무엇으로 간주되기에 이르렀습니다. 열심히 공부하고 근면하게 일해서 부지런히 돈을 버는 것을 최고의 가치로 여겼으며 놀이는 어른이 되어 성공하고 난 뒤에나 즐길 수 있는 후순위의 사치였습니다. 공부를 위해 놀이가 저당 잡히고 성공을 위해 휴식이 유예된 것입니다.

꿀잠자기

.
.
.

수면을 돕는 운동, 운동을 돕는 수면

야외로 온종일 나들이를 다녀오거나 햇빛 아래에서 두어 시간 운동을 하고 난 날은 깊은 잠을 달게 잔 경험이 있으시죠? 이렇게 잠을 푹 잔 후에는 다음 날 기분 좋은 느낌으로 일어나 활기차게 낮 시간을 보낼 수 있게 됩니다. 밤의 수면과 낮의 활동 사이에 선순환이 일어난 것입니다.

이렇듯 낮 동안의 신체활동은 수면과 밀접한 관계가 있습니다. 낮에 왕성하게 활동하고 운동하면 꿀잠을 잘 수 있고 수면의 질이 높아집니다. 그러면 다음날 더 효율적으로 공부하고 업무를 볼 수 있습니다. 너무나 단순하고 쉬운 이야기인데 생각보다 많은 분들이 이러한 선순환의 혜택을 누리지 못하고 살아가고 있습니다.

잠이 우리의 생활에 미치는 영향은 1970년대부터 활발히 연구되었는데요, 잠과 운동의 관계에 대한 연구를 몇 가지 소개하겠습니다.

젊고 건강한 성인을 대상으로 낮동안 운동 빈도를 늘렸더니 총 수면 시간 중 깊은 수면 단계인 비렘수면의 시간이 늘어났습니다. 수면의 질이 좋아진 것이죠. 잠을 푹 잔 뒤에는 다음 날 운동 강도를 최대치로 끌어올릴 수 있었고 지속시간도 평소보다 길게 유지할 수 있었습니다. 체력 상태가 좋아진 것입니다.

이렇듯 수면과 낮 동안의 생활은 분명 호혜적인 관계에 있습니다. 실험 참가자들은 잠이 개선됨으로써 머리가 맑아지고 활력이 넘치며, 우울증의 증상들조차 줄어든다고 증언하였습니다.

그러나 한 가지 유의할 점이 있습니다. 잠자러 가기 직전의 운동은 오히려 도움이 되지 않는다는 것입니다. 운동은 우리의 체온과 각성 상태를 높게 끌어올리는 데, 보통 운동 후 한두 시간쯤은 이러한 상태가 유지되므로 숙면을 취하는데 도움이 되지 않는다는 것입니다. 적어도 잠자리에 들기 두세 시간 전에는 운동을 끝내는 편이 좋겠습니다.

빵 먹고 꿀잠 자기?

무엇을 먹느냐도 수면에 영향을 미칩니다. 카페인이 든 커피나 녹차 등은 입에도 대지 않았는데 불면증이나 수면 중 깨어나서 고생한다면 집중해서 보기 바랍니다. 혹시 빵을 자주 먹지 않나요? 혈당을 급격히 올리는 탄수화물이나 당류가 많은 식사는 평상시의 건강에도 악영향을 미치지만 수면에도 안 좋은 영향을 미친다는 연구결과가 있습니다. 건강한 성인들에게 4일 동안 탄수화물 함량이 높은 밥, 파스타, 빵 등으로 식사를 하게 했더니 깊은 수면을 의미하는 비렘수면이 줄고 밤에 더 자주 깨어 수면의 질이 급격히 나빠졌습니다. 건강한 잠을 자려면 너무 많이 먹으면 곤란하며 특히 탄수화물이나 당분 함량이 높은 음식은 피하는 것이 좋습니다.

좋은 탄수화물과 나쁜 탄수화물

탄수화물이라고 다 같은 것이 아닙니다. 건강에 도움이 되는 것이 있는가 하면 오히려 해를 끼치는 탄수화물도 존재합니다. 어떻게 구분을 할 수 있냐고요? 그 기준은 혈당을 올리는 '속도'입니다. 결론부터 말하자면 혈당을 급격히 오르내리게 만드는 것은 나쁜 탄수화물이고 혈당 변화가 완만해야 좋은 탄수화물입니다.

건강에 좋은 탄수화물을 섭취할 때는 혈당이 비교적 천천히 올라갑니다. 설탕이 안 든 통곡물로 만든 빵이나 현미밥과 잡곡밥이 이에 해당하는데 이런 음식은 섭취 후 혈당을 천천히 올리고 인슐린 분비도 과도하게 자극하지 않습니다. 반면에, 나쁜 탄수화물을 섭취할 시, 혈당이 빠르게 증가하게 되고 뒤이어 췌장에서 급하게 분비된 인슐린에 의하여 혈당이 급격히 떨어지게 됩니다. 밀가루와 설탕으로 만든 흰 빵, 흰쌀밥, 과일주스, 탄산음료, 도넛, 과자 등이 그 예입니다. 특히 밀가루와 설탕은 가급적 피해야 합니다. 급격한 혈당 상승의 주범이기 때문입니다. 결론적으로 최대한 정제 밀가루를 피하고 잡곡, 고구마 등의 자연스러운 탄수화물을 섭취하는 것이 좋습니다.

뇌의 회춘을 부르는 운동,
파워워킹

우리의 뇌는 약 25세 정도에 가장 큰 부피를 가집니다. 그리고 그 이후로는 조금씩 작아지는데 매년 0.5~1% 정도씩 부피가 줄어든다고 합니다. 뇌의 부피가 줄어든다는 것은 무엇을 의미할까요? 우리의 신체와 정신을 총괄하는 뇌가 작아진다는 것은 노화와 죽음을 의미하는 것입니다. 그렇다면 뇌가 줄어드는 것을 보고만 있을 수만은 없지요. 속도를 늦추거나 멈출 수 있는 방법은 없을까요?

운동이 뇌기능을 강화한다는 사실은 최근 이루어진 수백 건의 실험·연구에서 증명된 바 있습니다. 미국의 과학자들이 120여 명의 실험자를 두 그룹으로 나누고 1년에 걸친 연구에 들어갔습니다. A그룹은 지구력 운동을 주 3회 실시하였고 또 하나의 B그룹은 심박수가 올라가지 않는 가벼운 스트레칭만을 실시하였습니다. 두 그룹 사이에 어떤 변화가 일어났을까요? 스트레칭만 실시한 B그룹의 60명은 해마의 크기가 평균 1.4% 줄어들었습니다. 이 정도로 해마가 위축되는 것은 정상적인 속도에 가깝습니다. 그런데 흥미로운 것은 지구력 운동을 한 A그룹은 해마가 전혀 줄어들지 않았습니다. 오히려 2% 더 커졌습니다.

이 정도라면 '회춘'이라고 해야 하지 않을까요? 운 좋게도 A그룹에 속한 사람들은 본 연구로 인해 기억력 증진뿐만 아니라 육체적인 건강을 덤으로 얻게 되었습니다. 그런데 A그룹은 대체 무슨 운동을 했기에 마법 같은 혜택을 누리게 되었을까요? 그것은 겨우 주 3회 40분씩 '파워워킹'을 하는 것이었습니다. 일주일에 몇 번씩 빠르게 걷기만으로 해마의 붕괴를 멈출 수 있고 심지어 시간을 거슬러 오히려 해마를 성장시킬 수도 있습니다.

파워워킹이란?

파워 워킹은 강도가 약한 일반 걷기와 높은 강도의 달리기의 단점을 보완하고 장점을 극대화시킨 운동입니다. 보통 시속 6~8km로 걷는 파워 워킹은 심폐지구력을 유지시키고 달리기처럼 많은 양의 칼로리를 소모시키는 효과를 냅니다.

몸에 독이 되는 오버트레이닝

자신의 체력에 맞지 않게 과도하게 운동하는 것을 오버트레이닝이라고 하는데 이는 오히려 몸을 망치는 원인이 됩니다. 근육통, 인대 손상, 관절 부상 등의 상해를 입을 수 있으며 상황에 따라 허리디스크, 어지럼증, 극심한 피곤과 무기력증에 시달리기도 합니다. 통상 근력 운동은 근섬유에 미세한 파열이 생기고 휴식을 통해 회복하는 과정을 통해 근육세포가 재생되고 성장하게 되는데요, 오버트레이닝을 하게 되면 충분한 휴식과 재생의 시간을 확보하지 못하게 되어 운동의 효과를 얻기는커녕 오히려 몸이 상하는 것입니다. 과유불급이라 하였습니다. 적정선을 찾는 것은 본인의 몫입니다.

공부는 엉덩이로
하는 것?

"오래 앉아 버티는 놈을 따라갈 수는 없다. 결국 공부는 엉덩이로 하는 거야!" 중고등학교 시절 선생님들이 하신 말씀입니다. '꾸준함' 과 '인내'의 중요성을 강조하기 위한 말씀인 것 같습니다. 예로부터 우리는 '은근과 끈기'의 민족 아니겠습니까? 우리나라 건국신화의 주인공 웅녀가 갖춘 최고의 덕목도 참을성과 인내였습니다. 그런데 공부를 할 때 무조건 오랜 시간 버티고 앉아 있는 게 성적을 올리는 비법이 될 수 있을까요? 공부는 엉덩이로 한다는 말이 얼마나 신빙성이 있는 이야기일까요? 더 나아가 신체적 건강에는 어떤 영향을 미칠까요? 변화하는 미래사회에 가장 중요한 능력 중 하나인 창의력과의 상관관계는 어떨까요?

미국 최고의 병원에 4년 연속 선정된 메이요 클리닉^{Mayo Clinic}이 2016년 발표한 연구 논문은 "오래 앉아있으면 죽는다(Sitting too much kills)"는 문장으로 시작합니다. 오래 앉아 있는 생활습관이 흡연만큼 건강에 해롭다는 것입니다. 헬스장에서 운동 시간을 늘리는 것보다 앉아있는 시간을 줄이는 것이 성인병을 예방하는데 효과적일 수 있습니다. 가만히 서 있기만 해도 앉아 있는 것보다 3배 많은 칼로리가 소모되는데요, 서 있으면 근육이 수축되면서 당분과 지방 분해 과정을 촉진시키기 때문입니다.

새로운 아이디어를 얻고 생각을 정리하는 철학자의 길

독일 하이델베르크에는 유명한 관광 포인트가 한 군데 있습니다. '철학자의 길'이란 곳으로 꽤 높은 지대에 위치해있어 입구에 이르기까지 비좁고 가파른 골목길을 올라가야 합니다. 하지만 정상에 다다르면 네카어 강, 테오도르 다리, 하이델베르크 성 등을 조망할 수 있어 많은 관광객을 불러 모으는 지역의 관광코스 중 하나라고 합니다. 그런데 이 '철학자의 길'은 이름에서 예상하셨겠지만 괴테[Goethe], 헤겔[Hegel]과 같은 독일의 대석학들이 즐겨 찾던 산책로였습니다. 그들은 꽤나 가파르고 좁으며 구불구불한 길을 오르며 맥박수를 높였을 테고 신선한 산소와 영양이 뇌로 전달되어 새로운 아이디어와 문학적 영감을 얻었을 것입니다.

산책은 사색과 창의적 사고를 하기에 최고의 선택이었습니다. 그들은 이곳에서 몇 날 며칠간 안고 있던 고민의 실타래를 풀어가며 변증법과 실존철학의 기초를 마련했을지도 모르겠습니다. 이제 여러 가지 문제로 머리가 복잡하고 새로운 전환점이 필요할 때 무엇부터 해야 할지 아시겠죠? 여러 대석학이 걸으며 생각의 물꼬를 틔우던 것처럼 산책 한번 나서 보실까요?

의자병(Sitting Disease)

요즘 우리는 너무 오래 앉아있습니다. 장시간 움직임 없이 앉아서 일하는 직장인들이나 책상에서 벗어날 수 없는 학생들의 경우 요통과 거북목, 하체부종, 어깨 통증, 소화불량 등을 호소하는 경우가 많습니다. 엉덩이와 허벅지 근육이 점차 약화되고 더구나 안 좋은 자세로 앉아있으면 경추나 요추 신경이 눌려 디스크가 생기고, 만성 두통이나 소화불량에 시달리기도 합니다. 이런 현상을 두고 '의자병Sitting Disease'이라고 부르는데, 엉덩이 근육이 점차 약화되고 크기가 줄어들기에 '엉덩이 근육 기억상실증'이라고도 부릅니다.

오래 앉아 있는 것은 그 자체로 건강에 악영향을 미칩니다. 루비콘 컨설팅Rubicon Consulting 창업자이자 실리콘밸리의 전략가인 닐로퍼 머천트Nilofer Merchant는 TED 강연과 그의 저서에서 앉아서 일하는 것의 위험을 다음과 같이 이야기합니다. "좌식 생활은 매우 위험하다. 유방암과 대장암의 발병률은 10%, 심장 질환은 6%, 당뇨병의 경우 7% 높인다. 앉아서 하는 생활은 그야말로 조용한 살인행위다." 그는 직장인들에게 가급적 자주 걸으라고 권유하며, 걸을 시간이 없다면 회의할 때 걸으라고 조언합니다. 실제로 그는 한주에 걸쳐 30~50km를 걸으며 산책 회의를 한다고 합니다.

'야! 거기 조는 놈! 일어서서 수업 들어!' 학창 시절 선생님들의 단골 멘트 중 하나였습니다. 그런데 알고 보니 꽤 과학적 근거를 가진 지도방법이었습니다. 서서 공부하는 '입식 책상'을 쓰는 중1 학생을 대상으로 한 연구를 찾아보았더니 서서 공부하는 방법이 집중력을 높여주었을 뿐만 아니라 문장 독해력과, 기억력도 평균 10% 향상시켜 주었습니다.

최근 사무실 등에서 직장인들도 스탠딩 책상을 이용한다는 기사를 본 적이 있습니다. 서서 일하면 앉아서 하는 것보다 집중력이 높아져서 효율적인 업무를 볼 수 있다는 것입니다. 게다가 앉아있을 때보다 거의 두 배의 칼로리를 소모하기 때문에 다이어트에도 효과가 있습니다. 앞서 '니트NEAT'에 대해 설명드린 것과 같이 일을 하면서 별다른 시간 투자 없이 추가로 칼로리를 태울 수 있다는 이야기입니다. 다른 연구에서는 고혈압과 당뇨 예방, 지방간 감소에도 효과를 보인다고 합니다. 공부 능률과 업무 효율도 오르고 건강도 좋아지니 시도해볼 이유가 충분합니다. 무엇보다 오랜 시간 책상에 앉아 있어야 하는 우리 학생들에게도 반가운 소식입니다. 견디는 것 외엔 뾰족한 방법이 없던 졸음과 요통을 떨쳐버리는 데에도 분명 도움이 됩니다.

창의력을 요구하는 작곡이나 글쓰기 분야의 대가 중 서서 일을 하는 사람을 심심치 않게 찾아볼 수 있습니다. 〈노인과 바다〉로 유명한 헤밍웨이와 영국의 여성작가 버지니아 울프는 책상에 앉지 않고 서서 글쓰기를 즐겨했다고 합니다. 영화 '아마데우스'에서는 일어선 채 당구대에서 작곡을 하는 모차르트를 볼 수 있죠. 서서 일을 하면 앉아서 할 때 보다 창작활동에 도움을 준다고 합니다.

오랜 시간 앉아있으면 우울증 위험 증가

엉덩이가 무거워 앉아 있는 시간이 길수록 우울증에 걸릴 위험이 커진다는 연구결과가 있습니다. 연세대학교 의대 연구팀이 직장인 4,000여 명을 대상으로 앉아 있는 시간과 우울증과의 관련성을 조사해 보았습니다. 하루 평균 9시간씩 앉아서 일하는 20대 사무직 직장인들의 경우 퇴근 뒤 소파에 앉아 TV를 보거나 취미로 PC게임 등을 하는 여가활동시간까지 합치면 하루 중 절반 가량을 앉아서 지내는 사람도 많았습니다. 그들은 일상생활 중 쉽게 피로감을 호소했고 우울증 초기 증상을 보이는 사람도 많았는데요, 하루 10시간 넘게 앉아 있는 사람은 5시간 미만인 사람보다 우울증 위험이 1.7배 높은 것으로 나타났습니다. 10시간 넘게 앉아 있으면서 운동조차 하지 않는 사람은 우울증 위험이 3배 이상 증가했습니다.

신체 활동이 줄면서 뇌에서 분비되는 엔도르핀과 세로토닌 등 신경 전달물질의 분비가 감소해 우울증의 위험이 높아진 것입니다. 게다가 오래 앉아 있다 보면 사회적인 고립감도 느끼게 됩니다. 아무래도 물리적인 활동범위가 줄어들다 보니 다른 사람들과 대화를 나누고 상호작용할 기회도 줄어들게 되기 때문이죠. 인간은 누가 뭐래도 사회적 동물입니다. 면대면 접촉이 줄고 소통기회가 줄어들면 심리적으로 위축되고 우울한 감정은 더욱 강해지게 됩니다.

시간을 정해두고 50분 앉아있었다면 의식적으로 일어나 10분 정도는 걷거나 움직여 주어야 합니다. 엉덩이가 무거워 진득하게 오래 앉아있는 사람이 일 잘하고 공부 잘하는 사람이라는 오랜 믿음은 근거 없는 허상이었습니다. 몸을 움직여야 정신이 맑아지고 뇌가 최적화되어 진짜 일머리와 공부머리가 만들어지는 것입니다.

불안과 걱정
날리기 꿀팁

•

•

•

불안과 걱정은 도대체 어디에서 오는 걸까요? 우리 몸에 내장된 스트레스의 메커니즘은 진화론적으로 볼 때 우리의 생존 가능성을 높여주기 위한 시스템입니다. 수백만 년 전 우리의 조상들을 각기 다른 성향을 지닌 두 집단이 있다고 가정해 보겠습니다. 한 집단은 낙천적이고 움직이기를 싫어하며 여유를 즐깁니다. 반면 또 다른 집단은 현재 상황이 불만족스럽고 불안하며 걱정에 차 있습니다. '내일은 무엇을 먹을 것인가? 며칠 전 잡아놓은 사슴고기로 얼마나 버틸 수 있을까? 지금 살고 있는 동굴은 침입자들로부터 안전한가?'

여러분은 이 두 집단 중 어느 쪽이 더 오래 살아남을 것 같은가요? 저는 당연히 두 번째 집단이라고 생각합니다. 먹을 것을 채집하거나 사냥을 해야 하는 환경에서 현재 상황을 냉철하게 판단하고 미래를 철저히 계획해야만 살아남을 가능성이 높아질 겁니다. 냉정한 판단과 철저한 계획은 불안과 걱정의 다른 이름입니다.

현재 우리는 먹을 것이 부족하여 굶어 죽을 걱정을 하지 않습니다. 천적이 침입할 정도로 집이 허술하지도 않습니다. 그러나 현대인은 여전히 걱정과 불안으로부터 벗어나지 못하며 스트레스에 시달립니다. 이런 걱정과 불안을 잠재우는데 운동이 효과적인 이유도 과거 인류의 생활에서 찾을 수 있습니다. 먼 옛날 신체 활동이 활발했다는 것은 생명을 유지하기 위해 먹이를 구하거나 사냥을 나가는 것이며 이것은 곧 생명 유지를 의미하는 것입니다. 그러므로 운동을 하면 우리의 뇌는 이것을 생존 가능성을 높여주는 바람직하고 착한 활동으로 해석합니다. 따라서 기분이 좋아지는 호르몬이 나오며 만족감을 느끼게 되고 불안은 해소되는 것입니다.

움직이지 않고 몸을 쓰지 않을 때 우리는 걱정과 불안에 취약한 상태가 됩니다. 불안감에 압도되기 가장 좋은 장소는 침대라는 말을 들은 적이 있습니다. 자려고 누웠는데 걱정거리가 떠올라 한참을 뒤척인 경험이 대부분 있을 것입니다. 운동은 천연 항우울제이자 부작용 없는 최고의 치료제입니다. 가만히 앉아 불안에 짓눌리기보다 걷든 뛰든 몸을 움직여서 털어내는 건 어떨까요? 등산로 출구에 있는 에어건으로 몸에 있는 먼지 털어내듯 말이죠. 체육교사이다 보니 이런 질문을 많이 받게 됩니다. '운동을 시작하려는데 어떤 종목이 좋을까요? 어떤 운동이 재미있을까요?' 정답은 없습니다. 누군가에게 좋다고 나에게도 좋으리라는 보장은 없기 때문입니다. 걷기도 해 보고 달리기도 해 보세요. 등산도 좋고 수영도 좋습니다. 여러 가지 시도하다 보면 나의 성향과 맞고 흥미도 가질 수 있는 종목을 찾을 수 있습니다.

꾸준히 지속 가능한 생활 속에 녹아들 수 있는 한 두 가지의 운동을 발견하길 바랍니다. 어느 순간 나의 일상에 들어와 자연스레 자리 잡은 그 하나의 운동이 우리의 삶을 활력으로 채워줄 겁니다.

불안과 걱정을 떨쳐버리는 데에는 몸을 움직이는 것과 더불어 시각을 통해 받아들이는 자극으로도 가능하며 입을 통해 맛을 보며 기분을 전환시키는 것도 가능합니다. 또는 여행처럼 그저 내 몸을 일상이 아닌 낯선 공간에 옮겨 두는 것만으로도 상당한 활력을 느낄 수도 있습니다. 일단 아래에 제시한 몇 가지부터 한번 실행해볼까요?

자녀의 어린 시절 사진 찾아보기

볼에 살이 통통하게 오른 그때 모습들은 보는 것만으로 입가에 미소가 머금어집니다. 물론 지금이야 '누굴 닮아 이렇게 지독하게도 말을 안 듣나?'하시며 배우자를 노려보는 분도 있겠지만 그때는 마냥 신기하고 귀여웠습니다. 예쁜 모습을 보여주는 딱 그 시기가 가장 효도하는 때라는 농담도 있죠? 금지옥엽 귀하디 귀한 우리 자녀의 사진을 꺼내어 보시며 힘내 보세요.

초콜릿 먹기

신체적으로 스트레스 상태에 있는 쥐에게 초콜릿의 원료인 카카오를 주었더니 엔도르핀 수치가 상승하고 스트레스 호르몬이 줄어들었다고 합니다. 쥐에게도 이러할 진데 하물며 인간에게는 어떻겠습니까? 이 글을 읽으며 군침 도는 분 계시죠? 단, 건강을 생각하셔서 카카오 함량이 높은 최소 70% 이상의 다크 초콜릿으로 드시기를 추천합니다.

머리 정리 손톱 자르기

이유는 알 수 없지만 저는 개인적으로 머리를 자르거나 손발톱을 정리하면 상쾌한 느낌을 받습니다. 그렇게 개운할 수가 없습니다. 제가 좋아하는 소설가 김중엽 씨는 집필을 하기 전 손톱 정리를 한다고 합니다. 손톱이 날카로우면 누군가를 할퀴는 글이 나올 것 같다는 이유라고 해요. 그 마음이 멋지다는 생각을 했습니다.

털어내고 씻어내기

머리속의 고민을 종이위에 적는 것 만으로 마음의 부담을 줄여준다는 연구보고가 있습니다. 단순한 작업이지만 위로가 되는 신기한 현상입니다. 같은 맥락으로 샤워나 목욕으로 몸을 씻는 것 역시 나를 구속하고 압박하던 문제와 고민을 털어낸다는 의미를 지닌다고 생각합니다. 샤워가 뇌 속의 고민을 실제로 지워내지는 못하지만 신체의 노폐물을 씻어내는 행위를 통하여 그 둘을 연결시키는 것이죠. 특히 잠자리에 들기 전 따뜻한 물로 하는 샤워는 쾌적한 수면에도 도움을 준다고 합니다.

조깅

조깅을 하면 여러 가지 호르몬이 분비됩니다. 한 연구에 따르면 약 15분 정도의 유산소운동으로 혈중 엔도르핀 수치가 유의미하게 증가했고 도파민과 세로토닌의 분비를 돕는 것을 알 수 있었습니다. 조깅 전의 기분 좋은 흥분감과 조깅 중의 희열, 그리고 조깅이 끝난 뒤 샤워의 상쾌함을 경험해 보세요. 제가 사랑하는 운동 조깅은 전·중·후가 모두 즐거운 활동입니다.

햇빛쬐기

햇빛은 천연 항우울제라는 얘기 들어보셨나요? 우울증환자나 불면증환자의 경우 낮동안 실내등의 조도를 높이는 것만으로도 어느정도 효과를 볼 수 있다고 합니다. 하물며 실내등보다 수백배나 밝은 햇빛이야 말해 무엇하겠습니까? 햇빛을 받으며 나들이를 한 날에는 일찌감치 졸음이 몰려오고 그날은 깊은 잠을 달게 잘 확률이 매우 높아집니다. 그리고 깊은 수면은 다음 날 활기찬 하루를 보장합니다. 그야말로 선순환을 일으키는 것입니다.

매운 음식먹기

매운맛과 고통을 느끼는 기전은 동일하다고 합니다. 매운음식을 먹었을 때 그 고통을 억누르기위해 엔도르핀이 분비되고 기분이 전환된다는 것입니다. 바꿔 말하면 매운맛을 즐기는 사람은 고통을 즐기는 것이라고 볼 수 있습니다. 입으로 고통을 받아들여 온몸으로 기분전환을 하는 것이죠. 그러나 너무 매운 음식은 위장을 괴롭힐 수 있습니다. 순간의 희열을 추구하기 위해 위를 버릴 수는 없습니다. 적절한 선에서 즐기시기 바랍니다.

받아 적기 (필사)

우연한 기회에 필사를 하게 되었습니다. 제가 워낙 악필인지라 글씨를 교정해준다는 〈펜글씨 교본〉을 샀던 겁니다. 가격도 싸고 책도 얇아서 별 부담이 없었습니다. 왼쪽에 있는 짧은 시구나 명언을 오른편의 빈칸에 직접 써서 채워 넣는 간단한 형식인데요, 아이들이 잠들면 제일 약한 조명을 켜고 따뜻한 물 한잔을 준비한 뒤 식탁에 앉았습니다. 그런데 옮겨적는 단순한 과정에서 저는 기이한 경험을 하게 되었습니다. 글씨를 따라쓰면서 느낀 상쾌함이 제가 달리기를 하면서 맛 본 그 느낌과 아주 유사하다는 것을 깨달은 것입니다. 마음이 씻겨 내려가는 느낌을 받은 것입니다. 거창한 일이 아니었습니다. 일기를 쓰거나 누군가에게 마음을 담은 감사의 편지를 쓴 것도 아니었습니다. 악필을 교정하고자 문장을 옮겨 적었을 뿐이었습니다. 그저 펜에서 흘러나오는 잉크를 종이 위에 옮겨놓는 행동에 불과했습니다.

누구나 한두가지 노하우는 있다

제가 제안드린 여러 방법말고도 중장기적으로 성취를 위해 무엇인가에 노력을 기울이거나 여행을 가는 것도 좋을 것 같습니다. 이외에도 여러분 만이 경험하셨던 노하우가 있으시리라 생각합니다. 휴대폰 메모장에 생각나는 대로 적어 두시기를 권합니다. 주의를 기울여 잘만 찾아보면 우리를 기분 좋게 해주는 즐거운 일들이 도처에 숨어 있습니다.

출처와 참고 도서

12쪽 [참고도서] 〈1만 시간의 재발견〉 안데르스 에릭슨, 로버트 풀, 비즈니스북스, 2016

16쪽 [출처] www.ted.com

35쪽 [참고도서] 〈아몬드〉 손원평, 창비, 2017

44쪽 [참고도서] 〈우리는 왜 잠을 자야할까〉 매슈 워커, 이한음 역, 열린책들, 2019

53쪽 [출처] EBS 다큐프라임, 공부 못하는 아이 2부 마음을 망치면 공부도 망친다. 방영일:
　　　　　2015.1.6

63쪽 [참고도서] 〈오리지널스〉 애덤 그랜트, 한국경제신문, 2016

　　　　　　　〈열두 발자국〉 정재승, 어크로스, 2018

　　　　　　　〈나의 문화유산답사기〉 유홍준, 창비, 2018

72쪽 [참고도서] 〈행복의 조건〉 조지 베일런트, 프런티어. 2010

74쪽 [출처] 2019 청소년 통계, 통계청, 여성가족부

88쪽 [참고도서] 〈움직여라 당신의 뇌가 젊어진다〉 안데르스 한센, 반니, p55

　　　　[출처] Medical Express,Journal Cell, 2014.

92쪽 [참고도서] 〈The complete book of running(달리기의 모든 것)〉 James Fixx,
　　　　　　　　Random house, 1977

105쪽 [참고도서] Rosenthal, R. &Jacobson, L.:"Pygmalion in the classroom",Holt,
　　　　　　　　Rinehart &Winston 1968

　　　　[참고도서] 〈자기효능감과 삶의 질〉, 알버트 반두라, 교육과학사, 2001

118쪽 [참고도서] 〈스키너의 심리상자열기〉 로렌 슬레이터, 에코의서재, 2005

128쪽 [참고도서] 〈내 아이를 위한 감정코칭〉 최성애, 조벽, 존 가트맨, 한국경제신문,
　　　　　　　　2011(해냄출판사, 2020)

132쪽 [출처] 홈 포지션(Home position) 〈체육학대사전〉, 2000, 이태신

153쪽 [참고도서] 〈이기적 유전자〉리처드 도킨스, 을유문화사, 2018

157쪽 [참고도서] 〈이기적 유전자〉 리처드 도킨스, 을유문화사, 2018

　　　　[출처] 〈Why Do Lizards Do Push-Ups?〉 www.livescience.com, by Robert Roy
　　　　　　　Britt, 2012.10.24.

163쪽 [참고도서] 〈운동화 신은 뇌〉 존 레이티, 에릭 헤이거먼, 북섬, 2009

　　　　[출처] 〈우리나라 초·중·고 학생의 비만율 추이(2014~2018)〉

　　　　　　　미국의 각 주별 비만율 〈http://stateofchildhoodobesity.org〉

　　　　　　　Behavioral Risk Factor Surveillance System(BRFSS), 2018

　　　　　　　Medical Express,Journal Cell, 2014

178쪽 [출처] 국가통계포털 청소년건강행태온라인조사(http://kosis.kr)

185쪽 [참고도서] 〈털 없는 원숭이〉, 데즈먼드 모리스, 문예춘추사, 2011

〈체육학대사전〉, 이태신, 민중서관, 2000

196쪽 [출처] 중앙치매센터 www.nid.or.kr '대한민국 치매현황 2019'

221쪽 [참고도서] 〈햇빛의 선물〉 안드레아스 모이츠, 에디터, 2016

231쪽 [참고도서] 〈설탕을 고발한다〉 게리타우브스, 알마, 2019

[출처] 질병관리본부. 국내 시판 담배 내 캡슐성분 분석 결과. 주간 건강과 질병.
2017

238쪽 [출처] 당뇨병은 아닌데 혈당이 춤을 출 때 똑똑한 대처법 2013년 11월 건강다이제
스트 결실호. 허미숙 기자

245쪽 [출처] 수면과 2형 당뇨병(Sleep and type 2 Diabetes) 이진성, 김성곤, 수면정신생
리, 대한수면의학회 2017

274쪽 [참고도서] 〈운동화 신은 뇌〉 존 레이티, 에릭 헤이거먼, 북섬, 2009

278쪽 [참고 도서] 〈죽기 전에 꼭 알아야 할 세상을 바꾼 발명품 1001〉 잭 챌로너, 마로니
에북스, 2010

281쪽 [참고도서] 〈아이들은 놀이가 밥이다〉 편해문, 소나무, 2012

290쪽 [출처] www.ted.com

293쪽 [출처] '엉덩이 무거울 수록 우울증 위험 높다', kbs, 2017. 08. 06. 박광식

운동은 성공적인 삶을 위한 선순환의 시작

　　운동은 몸과 마음의 건강을 위한 선순환의 시작이라고 할 수 있습니다. 운동을 하면 화학적인 작용을 통해 세로토닌과 도파민이 분비되어 기분이 상쾌해지고 우울감은 날아가 버립니다. 운동을 하게되면 움직인만큼 칼로리가 소모되니까 굶어가며 다이어트할 필요가 없습니다. 오히려 식사시간을 죄책감없이 만끽할 수 있습니다. 운동으로 몸이 적당히 피곤해지면 숙면을 취할 수 있게 되고, 낮 동안 고갈된 에너지를 재충전할 수 있죠. 그뿐만 아니라 숙면은 성장호르몬의 분비를 촉진하여 우리 몸 각 세포의 재생을 돕고 근육의 형성에도 좋은 영향을 미칩니다. 운동이 주는 가시적인 혜택도 무시할 수 없죠. 운동으로 말미암아 몸매가 예뻐지고 피부가 탄력을 얻어 외모가 매력적으로 변화합니다. 이처럼 인간의 몸과 마음에 유익한 작용들이 운동으로부터 비롯됩니다. 고기도 먹어본 사람이 먹는다고 한번 운동의 맛을 본 사람은 그 즐거움을 잊을 수가 없어 만사 제쳐두고 규칙적으로 운동에 빠져들게 됩니다. 운동이 몸과 마음의 건강을 부르고 그런 건강한 상태를 즐기고 유지하기 위해 다시 운동을 하는 선순환의 마법을 알고 있는 사람은 성공적인 삶을 살게 됩니다. 이처럼 건강 유지와 면역력 개선에 최고의 효과를 발휘하는 것이 운동이라는 것은 그 누구도 토를 달 수 없는 'FACT'입니다.

자녀에게 물려줄 가장 큰 유산은 건강한 생활습관

　당신은 자녀에게 무엇을 물려주고 싶나요? 부동산과 같은 물질적 유산보다 삶의 질의 높일 수 있는 건강습관을 물려주시는 것은 어떨까요? 자녀에게 건강한 습관을 형성시켜 주기 위해서는 무엇보다 부모님께서 본을 보이는 것이 중요합니다. 당신은 정상범위의 몸무게를 유지하고 있습니까? 최근 일주일 동안 숨이 찰 정도의 유산소운동을 몇 번이나 하셨나요? 가장 최근에 햇빛을 쬐며 산책한 것이 언제인가요? 탄산음료나 필요 이상의 설탕이 들어간 과자나 밀가루 음식은 얼마나 자주 드시나요? 중간에 깨지 않는 꿀잠을 주무셨나요?

　당신이 건강한 생활습관을 지니고 있어야 자녀도 건강할 수 있습니다. 본인이 술과 담배에 중독된 상태이고 당충전을 이유로 초코케익과 과자를 즐기며 늘어난 허리사이즈에 무감각하다면 자녀에게 건강한 생활습관을 물려주는 것은 단언컨대 불가능에 가깝습니다. 사랑하는 당신의 딸이 아빠 없이 결혼식장에 들어가길 원하지는 않으시죠? 듬직한 당신의 아들이 낳은 손주를 안고 업고 하셔야하지 않겠어요? 저는 여러분의 자녀가 중년이 되어서도 일정한 몸무게를 유지하면 좋겠습니다. 저는 여러분의 자녀가 평생 우울증없이 맑은 정신으로 살았으면 좋겠습니다. 저는 당신의 자녀가 운동과 건강을 기반으로 성공적인 삶을 살아갔으면 좋겠습니다. 사랑하는 자녀들에게 물려줄 가장 가치있는 유산은 건강입니다.

현직 체육교사가 알려준다

공부체력
리부트

© 김경도, 2020

초판 1쇄 발행 2020년 12월 29일
지은이 ｜ 김경도
펴낸이 ｜ 권영주
펴낸곳 ｜ 생각의집
디자인 ｜ design mari
출판등록번호 ｜ 제 396-2012-000215호
주소 ｜ 경기도 고양시 일산서구 후곡로 60, 302-901
전화 ｜ 070·7524·6122
팩스 ｜ 0505·330·6133
이메일 ｜ jip2013@naver.com
ISBN ｜ 979-11-85653-75-4 (13590)
CIP ｜ 2020053164